Die
Störaufzucht und Kaviarherstellung

Dr. Peter Steinbach

Die Störaufzucht und Kaviarherstellung

Anleitung und Hinweise

AquaTech
Publications

Impressum

Cover: Störkaviar
Photo: Peter Steinbach
Layout: Martin Hochleithner

AquaTech Publications
Unterbrunnweg 3
6370 Kitzbühel/Austria

http://www.aqua-tech.eu
http://www.aquaculture-com.net

Printed in Germany by:
Books on Demand GmbH
ISBN 978-3-902855-32-9

Vorwort

Als man in Deutschland vor mehr als 30 Jahren begonnen hat Störe zu halten, dachte niemand daran die Tiere bis zur Kaviarreife zu halten. Zu dieser Zeit waren neben dem Sterlet nur Hybriden aus mehreren, häufig ungenannten Spezies verfügbar. Das erklärte Ziel ihrer Produktion war schneller Fleischansatz und Unfruchtbarkeit. Die damals im Ostblock befindlichen Produzenten dieser Hybriden wollten den Setzlingsmarkt im Westen beherrschen, da eine Nachzucht dieser „Mehrarten" Hybriden als unmöglich galt. Wer Störe halten wollte, musste die Setzlinge im Osten zukaufen.

Bis auf die Süßwasserart Sterlet (*Acipenser ruthenus*) waren in Westeuropa nur noch einige wenige Exemplare des streng geschützten Gemeinen Störs (*Acipenser sturio)* und Reste des Adriastörs (*Acipenser naccarii*) vorhanden. Alle anderen Arten befanden sich im Einflussbereich der ehemaligen Sowjetunion (UdSSR). Nach und nach gelangten Bester (Kreuzung aus *Huso huso* x *Acipenser ruthenus*) in die DDR und Sibirische Störe (*Acipenser baerii*) nach Ungarn, Italien und Frankreich. Nach Italien gelangte aus den USA auch der Weiße Stör (*Acipenser transmontanus*), zusätzlich zu dem noch in Resten örtlich vorkommenden Adriastör (*Acipenser naccarii*). Die Preise für Störfleisch waren eine Zeit lang hoch, so dass einige Fischzüchter (z. B. Fa. Sachsenstör) mit gutem Erfolg begannen Störe – die verfügbaren reinen Arten bzw. Hybriden – in nicht unerheblicher Menge aufzuziehen und zu vermarkten.

Eine Kaviarproduktion wurde im Iran und der UdSSR wegen der langen Zeit bis zur Geschlechtsreife und der vermeintlich schlechten Qualität von unter Aquakulturbedingungen erzeugten Eiern für unrentabel gehalten. Diese Meinung wurde vor allem von dem Personenkreis der Kaviar aus Wildfängen produzierte, eifrig vertreten. Mit der Zeit zeigte sich jedoch, dass die unter natürlichen Temperaturbedingungen nötigen Zeiten bis zu Geschlechtsreife im Warmwasser erheblich kürzer ausfallen. Weibliche Sibirische Störe benötigen in ihrer Heimat je nach Herkunft (Lena, Ob, Jenissej, Kolyma) 11-28 Jahre bis zur Geschlechtsreife (*Hochleithner, 2012)*. Unter Warmwasserbedingungen sind die ersten schon nach 4-5 Jahren und die Masse nach 6-8 Jahren geschlechtsreif, wodurch eine gezielte Haltung nicht mehr so kosten- und zeitintensiv war, wie vorher immer wieder behauptet, bzw. angenommen wurde.

Des Weiteren nahmen die Anlandungen geschlechtsreifer Störe in den angestammten Gebieten kontinuierlich ab, obwohl, vor allem in der UdSSR, seit Jahrzehnten unglaubliche Setzlingsmengen (mehrere Millionen Stück verschiedener Spezies) in extra errichteten Erbrütungs-

und Aufzuchtanlagen erzeugt und jährlich in die Flüsse ausgesetzt wurden. Mit dem Zusammenbruch der UdSSR reduzierte sich die für umfangreiche Besatzmaßnahmen nötige Setzlingsproduktion. In der Folge nahm die Anlandung kaviarreifer Tiere weiter ab, so dass die Fangmengen der jeweiligen Anrainerstaaten der Fanggebiete über Quoten (CITES) geregelt wurden. Legaler Kaviar aus Wildfängen war damit nur im Rahmen der Quoten des betreffenden Staates legal handelbar.

In der Folge der durch die Quotenregelung ständig reduzierten legalen Wildfänge stiegen die Kaviarpreise in ungeahnte Höhen. Die ersten Produzenten (Frankreich, Italien) begannen Kaviar aus Aquakultur zu erzeugen. Nicht lange danach folgte Deutschland, aber auch andere Länder. Zu dem Zeitpunkt war wenig bekannt über die Haltungsparameter, das passende Störfutter, die Dauer der Gonadenentwicklung, die frühe Geschlechtsbestimmung, die Kaviarherstellung usw. Viele Produzenten haben ihr Wissen geheim gehalten und nichts an vermeintliche Konkurrenten weitergegeben, aber mit der Zeit hat sich dieses Wissen verbreitet, oder wurde mühselig durch Probieren erworben. Die Preise, leider sogar für schlechte Ware, ließen ungeahnte Profite erwarten. Es wurde alles gekauft, was auf den Markt kam. Das war nicht immer gut für das Image des Aquakultur- oder Zuchtkaviars. Nach einiger Zeit war der Markt gesättigt und es konnte sich, trotz sinkender Preise, wieder Qualität durchsetzen, weil nun mehr auf Qualität geachtet wurde.

Inzwischen war auch China wach geworden und importierte Störeier in großem Maßstab. Zunächst wurden befruchtete Eier gekauft, um innerhalb eines Jahres marktfähige (800 g) Tiere zu produzieren, die, im Rahmen von Feierlichkeiten (ein Fisch = ein Gericht), als Glücksbringer verzehrt wurden. Die Wertschöpfung war nicht unerheblich, da der Erzeuger der Dottersackbrut aus den befruchteten Eiern diese sofort verkaufte. Der Käufer der Dottersackbrut zog die Tiere bis zur Setzlingsgröße auf und verkaufte diese weiter. Diese Setzlinge werden weiter bis auf ca. 800 g aufgezogen und verkauft. Innerhalb eines Jahres können die Tiere in China 3-mal verkauft werden und Profit bringen. Ein Teil der Tiere aus den importierten Eiern ist in der Zwischenzeit groß geworden und mit ihnen konnte vermehrt werden. Hinzu kommen noch einheimische Arten, wie der Amurstör (*Acipenser schrenckii*) und der Sibirische Hausen oder Kaluga (*Huso dauricus*). Folglich entstand in China eine ständig steigende Kaviarproduktion. Da in China traditionell wenig Kaviar gegessen und die Produktion daher zum größten Teil exportiert wird, sanken die Kaviarpreise in Europa erheblich. Die Gestehungskosten, ebenso wie staatliche Auflagen, sind in China geringer als außerhalb, was es chinesischen Anbietern erlaubt, mit sehr niedrigen Verkaufspreisen zu arbeiten. Soll allerdings auf Dauer gleichmäßig gute Qualität erzeugt werden, steigen (hoffentlich) auch in China die Preise. Es sei denn, der chinesische Staat greift durch Exportzuschüsse oder sonstige Zahlungen zugunsten chinesischer Produzenten ein.

Ich hatte das Glück, sehr früh Erfahrung mit Stören zu machen, so dass ich auf mehr als 30 Jahre Umgang mit diesen faszinierenden Tieren zurückblicken kann. Geschlechtsbestimmung, Vermehrung, Kaviarherstellung, Haltung und Fütterung der verschiedensten Spezies konnte ich entweder direkt oder im Rahmen von Beratungen und Besuchen weltweit kennen lernen. Ich meine, es ist an der Zeit einen Teil dieses von mir erworbenen Wissens an Interessierte weiter zu geben.

Dieses Buch behandelt vor allem Themen und Techniken, die für die Aufzucht von Stören und die Herstellung von Kaviar von Bedeutung sind. Zu generellen Themen wie Wasserchemismus, Fischfütterung, Fischkrankheiten usw., gibt es eigene Literatur, die auf diese Themen (noch) genauer eingehen bzw. Bücher, welche die Fischproduktion in verschiedenen Anlagen ausführlich (speziell) behandeln, z. B. in Teich- und Durchflussanlagen (*Schäperclaus & Lukowicz, 2018*), in Kreislaufanlagen (*Steinbach, 2018*) oder in Netzgehegeanlagen (*Hochleithner, 2019*).

Dr. Peter Steinbach (Foto: E. Fritschi)

Danksagung

Hätte ich nicht im Laufe meiner Arbeit mit Kreislaufanlagen und verschiedenen Fischspezies wie Stören das Glück gehabt, bestimmte Personen zu treffen, die bereit waren, mich an ihrem Wissen teilhaben zu lassen und mit denen ich zusammen arbeiten durfte, hätte ich das nötige Wissen, ein Buch wie dieses zu schreiben, sicher nicht erwerben können. Neben vielen anderen sind dies im Besonderen:

Tamas Gulyas, der mir in meinen Anfangsjahren mit Stören uneigennützig mit Rat zur Seite gestanden ist.

Peter Groß, der immer bereit ist, mich an seinen Störaktivitäten Teil haben zu lassen. Ich kenne niemand, der so viele unterschiedliche Spezies hält und zum größten Teil auch regelmäßig vermehrt. Die dabei gewonnenen Erkenntnisse versteckt er nicht, sondern lässt andere, zum Glück auch mich, daran teilhaben.

Ralf Gensler, der wohl der erfahrenste Stör-Vermehrer außerhalb der ehemaligen UdSSR ist. Mit seiner Truppe, allen voran Schuldi, „zaubert" er befruchtete Eier der verschiedensten Störspezies, unabhängig von der auf die betreffende Spezies zutreffende Saison, zu den unmöglichsten Zeiten.

William F. Holst, der mir die Gelegenheit gegeben hat, in seinen unterschiedlichen Anlagen, unschätzbare Erfahrungen im Umgang mit Stören zu erwerben.

Georg Stähler ließ mich teilhaben an seinen umfangreichen Aktivitäten zur Aufzucht von Stören in den unterschiedlichsten Teichsystemen. Die erzielten Ergebnisse helfen, die Entwicklung verschiedener Spezies unter unterschiedlichsten Bedingungen vorhersagen zu können.

Jim Michaels war und ist in der Lage, unter schwierigsten Temperaturbedingungen (26-28 °C), erfolgreich Sibirische Störe zu erbrüten, aufzuziehen und die Eier zu hervorragendem Kaviar zu verarbeiten. Ihm und Charlene verdanke ich informative und unvergessliche Zeiten in Florida.

Mesfin Belay ist einer der wenigen, wenn nicht sogar der Einzige, der sich in Deutschland seit über 20 Jahren, trotz Höhen und Tiefen, erfolgreich mit Stören in Kreislaufanlagen herumschlägt. Sein Erfahrungsschatz und sein Wissen sind unbezahlbar. Wann immer ich etwas unklar sah oder nicht wusste, war er bereit zu helfen und für Klarheit zu sorgen.

Willy Verdonck, ohne den mein Wissen über die Ernährung von Stören deutlich schlechter geblieben wäre. Habe ich aus den unterschiedlichsten Gründen Änderungen der Futterzusammensetzung vorgeschlagen, war er bereit diese umzusetzen, außer es sprach etwas dagegen, was öfter der Fall war. Sein Wissen gibt er gern weiter, da er die Meinung vertritt, dass nur der offene Austausch von Erfahrungen und Erkenntnissen dazu beiträgt die Entwicklung der Störhaltung voranzutreiben.

Frau *Prof. Köhler* danke ich dafür, dass sie mich teilhaben ließ an ihren Forschungen zur Herstellung von Kaviar aus ovulierten Eiern, so dass parallel zu diesen Forschungen Haltungsbedingungen zur ganzjährig erfolgreichen Auslösung der Ovulation erarbeitet werden konnten.

Roman Hartmann danke ich für seine Bereitschaft, seine Beziehungen zu Störexperten in Russland zu nutzen, die mir ein wenig ihres unschätzbaren Wissens vermittelten. Ihm verdanke ich auch meine Kenntnisse über russische Methoden zur Herstellung von Kaviar aus ovulierten Eiern.

Uwe Reuter ist derjenige, der mich auf die Idee zu diesem Buch gebracht hat. Ich hoffe, er ist mit dem Ergebnis einigermaßen zufrieden.

Gudrun Piper hat mit Akribie nach Fehlern gesucht und mir geholfen, die meisten auszumerzen. Sollten noch welche vorhanden sein, liegt das nicht an ihr, sondern an mir.

Esther Fritschi danke ich für die Begleitung beim Erstellen des Manuskripts und das Überlassen eigener Fotos, sowie der Hilfe beim Bestehen von PC Kämpfen.

Steffi Steinbach war zur Stelle, wenn PC-mäßig mal wieder nichts so lief, wie gewünscht.

Ohne *Martin Hochleithner* wäre dieses Buch deutlich schlechter lesbar, da ungeordnet und mit Wiederholungen gespickt. Wo nötig, hat er Texte umgestaltet, gekürzt oder neu erstellt und an einigen Stellen mit Bildmaterial ausgeholfen. Ohne seine Erfahrung aus den vielen Büchern, die er geschrieben und veröffentlich hat, wäre dieses Buch deutlich weniger informativ.

Inhaltsangabe

1. EINLEITUNG

Störe sind eine sehr alte Fischgruppe, die zur Klasse der Knochenfische und dort zur Ordnung der Störfische (*Acipenseriformes*) gehört. Diese teilt sich in 4 Familien, von denen 2 bereits ausgestorben sind (*Hochleithner, 2012*). Es existieren folglich noch zwei Familien; und zwar die Rüsselstöre (*Acipenseridae*) mit vier Gattungen und die Löffelstöre (*Polyodontidae*), von denen noch zwei Gattungen existieren. Die rezenten Rüsselstöre werden weiter in zwei Unterfamilien geteilt. Zum Einen in die Unterfamilie der Echten Störe (*Acipenserinae*) mit der Gattung Störe (*Acipenser*), die durch 15 Arten vertreten wird und der Gattung Hausen (*Huso*) mit 2 Arten. Zum Anderen in die Unterfamilie der Schaufelstöre (*Scaphirhynchinae*) mit zwei Gattungen (*Scaphirhynchus* und *Pseudoscaphirhynchus*) und 6 Arten. Die Familie der Löffelstöre (*Polyodontidae*) existiert noch mit je einem Vertreter der Gattungen Löffelstör (*Polyodon*) und Schwertstör (*Psephurus*).

Wenn allgemein über Störe gesprochen wird, ist in der Regel die Familie der Rüsselstöre (*Acipenserida*e) gemeint, und wenn es um Kaviar geht, die Gattungen Störe (*Acipenser*) und Hausen (*Huso*). Die Herkunft des Wortes „Kaviar“ ist etwas umstritten, vielleicht stammt es vom türkischen „Havyar“, doch eher vom persischen „Khaviar“, was so viel bedeutet wie kleine schwarze Fischeier. Als Kaviar werden nur die gereinigten und gesalzenen Eier der Störe bezeichnet, egal ob sie durch Schlachten oder Streifen (Ovulation) gewonnen wurden. Kaviar anderer Fischarten muss mit dem zugehörigen Artnamen versehen werden, wie etwa Hecht-, Forellen- oder Lachskaviar. Sogenannter Deutscher Kaviar besteht aus gesalzenen und meist auch gefärbten Eiern des Seehasen oder Lumpfisch (*Cyclopterus lumpus*) und Isländischer Kaviar aus den Eiern von Lodde oder Capelin (*Mallotus villosus*). Ein vor allem in Japan, aber zunehmend auch bei uns, für Sushi verwendetes Produkt ist Tobiko, der aus den Eiern von Fliegenden Fischen (wie *Cheilopogon agoo*) erzeugt wird. Diese und ähnliche Produkte werden jedoch als Kaviarsubstitute bezeichnet und sind kein (echter) Kaviar. Kaviarsubstitute werden manchmal sogar aus den befruchteten (abgelaichten bzw. abgelegten) Eiern von Krebstieren (Karibiklangusten) und Weichtieren (Weinbergschnecken) hergestellt. Zusätzlich werden von einigen Fischarten (z. B. von Heringen, Dorschen, Meeräschen) auch die ganzen Eierstöcke (Ovarien) zu Produkten verarbeitet (z. B. gesalzen und getrocknet oder geräuchert), von anderen Tieren wie Stachelhäutern (Seeigeln) werden sie manchmal auch roh verzehrt. Darüber hinaus gibt es noch Kaviarimitate, die künstlich, meist aus pflanzlichen Rohstoffen (Seetang, Seegras, Sojabohnen) hergestellt werden (*Klinkhardt, 2006*).

Vor allem durch Überfischung, aber auch durch Gewässerverschmutzung und Flussverbauungen sind die Wildfänge an Stören weltweit, seit Anfang der 1980er Jahre von über 28.000 t auf unter 600 t zum Ende der 2000er Jahre kontinuierlich stark zurückgegangen (*Sibeni & Calderini, 2014*). Seit April 1998 stehen alle Störe unter dem Schutz des Washingtoner Artenschutzabkommens (englisch: Convention on International Trade in Endangered Species of wild fauna and flora = CITES) und dürfen international nur nach diesen Richtlinien gehandelt werden. Daher ist für jeden Import oder Export von Stören oder Störprodukten (und damit Kaviar) eine entsprechende Genehmigung erforderlich. Seit 2010 wurden auch keine Exportquoten mehr für Wildfänge vergeben oder erteilt, so dass Kaviar von Wildfängen auf dem offiziellen Markt nicht mehr verfügbar ist. Legal hergestellter und gehandelter Kaviar kommt heutzutage aus der Aquakultur. In der Aquakultur werden Störe sowohl in Durchfluss- und Kreislaufanlagen produziert als auch in Teich- und Netzgehegeanlagen. Die Aquakulturproduktion von Stören entwickelte sich langsam seit den 1980er Jahren, vor allem in Europa, und sprunghaft ab den 2000er Jahren, vor allem in Asien, so dass sie seit dem Jahr 2010 die historischen Fangmengen aus dem Wildfang weit übertrifft (*Sibeni & Calderini, 2014*).

Die Herstellung oder Produktion von Kaviar mit Tieren aus der Aquakultur beginnt nicht, wie vielfach angenommen wird, mit dem Schlachten oder im Fall von ovulierten Eiern, mit dem Streifen der Fische, sondern sehr viel früher. Die Grundlagen für eine reichliche Kaviarernte werden bereits bei der Aufzucht der Setzlinge gelegt. Nur Tiere, die unter optimalen Bedingungen aufgezogen werden, sind in der Lage, gesund und vital das Alter zu erreichen, welches für Störe nun mal nötig ist, die zur Eibildung nötige Geschlechtsreife zu erreichen. Je älter die Tiere werden und je weiter die Geschlechtsentwicklung voranschreitet und je näher damit die Entnahme der Eier rückt, desto stärker wirken sich alle vorherigen Einflüsse, wie auch alle getroffenen Maßnahmen aus, sei es positiv oder leider viel öfter negativ. Im Verlauf des gesamten vorherigen Lebens spielen Fütterungsregime, Haltungsbedingungen, rechtzeitige Auslese ungeeigneter Tiere und Hygiene eine wichtige Rolle. Die sachgemäße Behandlung der gewonnenen Eier ist dann der Schlusspunkt. Es gibt aber, wie bei anderen Fischprodukten (z. B. Räucherlachs oder -forellen) auch Betriebe, welche die Vermehrung und Aufzucht von Fischen ganz oder teilweise umgehen und bereits Satz- oder Speisefische oder sogar schon eiertragende Weibchen von anderen Fischzüchtern zukaufen (Bezahlung nach Kaviar) und nur die Hälterung und Verarbeitung selbst machen.

Literatur:
Hochleithner, 2012; Klinkhardt, 2006; Sibeni & Calderini, 2014;

2. STÖRARTEN

Von den verschieden Störarten, die natürlicherweise in Europa, Asien und Nordamerika vorkommen, sind einige streng geschützt, da vom Aussterben bedroht. In der Aquakultur werden deshalb nur wenige Arten (Spezies) in größerem Umfang gehalten, vermehrt und vermarktet. Von wirtschaftlichem Interesse sind dabei vor allem: Europäischer Hausen, Russischer Stör, Sibirischer Stör, Sternhausen, Sterlet, Adriastör, Weißer Stör und Amurstör.

2.1. Europäischer Hausen (*Huso huso*)

Der Hausen oder nach seinem russischen Namen auch Beluga genannt, besitzt ein sehr breites, sichelförmiges, sich zur Nahrungsaufnahme schlagartig nach vorne öffnendes Maul, wodurch ein Unterdruck entsteht, durch welchen die Beute eingesaugt wird. Der Maulform geschuldet erfolgt die Nahrungsaufnahme – anders als bei den übrigen Störarten (außer bei Löffelstören) – bevorzugt im Freiwasser. In der Natur dienen als Nahrung Fische, aber auch Krebstiere, Weichtiere und gelegentlich sogar Wasservögel. Seine Färbung ist grau bis schwarz mit weißer Unterseite, die Jungtiere wirken häufig an der Oberseite stahlblau. Erwachsene Tiere besitzen wenig ausgeprägte Knochenschilde. Hausen können recht alt werden – über 100 Jahre – und erreichen dann Gewichte bis zu 1,5 t.

Je nach Ernährung und Haltungstemperatur benötigen männliche Tiere unter Aquakulturbedingungen 7-14 Jahre bis zur Laichreife, weibliche Tiere 9-20 Jahre. Männchen wiegen dann mindestens 20 kg, Weibchen 50 kg. Unter natürlichen Temperaturbedingungen sind häufig noch weitere 3-5 Jahre bis zur Laichreife nötig. Die Zwischenlaichzeit beträgt 1,5-3 Jahre bei den männlichen und 2-4 Jahre bei den weiblichen Tieren. Hauseneier erzielen den höchsten Preis im Verkauf. Sie sind etwa 3,5-4,0 mm groß. Bei Mehrfachlaichern kann die Eigröße auch schon mal 4,5 mm betragen.

In der Natur wandern die Tiere nach dem Ablaichen von ihren Laichplätzen in Flüssen zurück ins Meer, wo sie die Zeit (Zwischenlaichzeit) verbringen, bis sie zu einer neuen Laichzeit bereit sind und in die Mündungsgebiete der Flüsse ziehen. So sie nicht durch Dämme oder Wasserverschmutzung gehindert werden, wandern sie weiter zu ihren Laichplätzen, in der Regel zuerst die männlichen Tiere und danach die weiblichen.

Unter Kreislaufbedingungen und einer Erbrütungstemperatur von 10-

16 °C weist die Brut ein Schlupfgewicht von ca. 0,03 g auf. Etwa 50 Tage nach Beginn der aktiven Nahrungsaufnahme und einer Haltungstemperatur von 20-25 °C wiegen die Tiere im Schnitt 8-10 g. Ausgehend von 1.000 Eiern und einer 80 %igen Befruchtung liegt die Überlebensrate bei 400-500 Setzlingen mit ca. 10 g. Bei Haltungstemperaturen von 22-26 °C sind nach weiteren 120-140 Tagen eine Überlebensrate von 75 % und ein Zuwachs auf 300-400 g/Stück zu erwarten. Wiederum 170-180 Tage später, kann das Gewicht der einzelnen Tiere 2-3 kg betragen, die Überlebensrate liegt bei 90 %. Ein Jahr später werden von den Tieren 4-6 kg, mit einem Überleben von 95 % erreicht. Nach 6 Jahren sind 18-22 kg erreichbar, die jährliche Überlebensrate beträgt weiterhin etwa 95 %. Nach 9 Jahren, wenn bereits die ersten Weibchen reife Eier tragen können, sind Stückgewichte von 33-40 kg möglich, sofern die Tiere ganzjährig gefüttert und bis auf die letzten 2 Jahre durchgehend bei 22-26 °C gehalten wurden.

Die Besatzdichte der Dottersackbrut kann bis zu 4.000 Stück/m² betragen. Sie wird auf 1.300 Stück/m² bei Beginn der externen Nahrungsaufnahme abgesenkt. Jungfische von ca. 10 Gramm werden bei etwa 300 Stück/m² gehalten. Sind die Tiere auf 300-400 g gewachsen, ist eine Besatzdichte von 60 Stück/m² oder 20 kg/m³ anzuraten. Mit zunehmendem Alter und Größe kann auch die Besatzdichte gesteigert werden. Sie beträgt für Tiere mit Gewichten von 2-3 kg bis 50 kg/m³ und für Tiere von 4-6 kg bis 60 kg/m³. Ab einer Größe von 18-22 kg wird die maximale Besatzdichte wieder auf 50 kg/m³ zurückgenommen. Die obigen Angaben zur Besatzdichte stammen aus den Normvorschriften des Fischzuchtbetriebes Atyrausk in Russland (Anonymous). Ausreichend Sauerstoff und Wasserwechsel, der eine gute Wasserqualität sicherstellt, lassen nach eigenen Erfahrungen auch Besatzdichten der größeren Tiere bis 90 kg/m³ zu, ohne negative Auswirkungen auf Zuwachs und Entwicklung der Tiere zu beobachten.

Das Aussortieren männlicher Tiere kann nach *Chebanov & Galich (2009)* unter Warmwasserbedingungen ab 10 kg im Alter von 3-4 Jahren mittels Ultraschall erfolgen. Tiere die in Anlagen unter mitteleuropäischen Temperaturschwankungen aufgezogen werden, benötigen nach Auskunft derselben Autoren ein Gewicht von 8-12 kg und ein Alter von 4-5 Jahren. Nach eigenen Erfahrungen kann es, sofern man nicht sehr geübt ist, durchaus 1-2 Jahre länger dauern, männliche Tiere sicher mit Ultraschall zu bestimmen. Der Bestand muss dann unter Warmwasserbedingungen durchaus 6 Jahre und unter natürlichen Temperaturbedingungen 7-8 Jahre alt werden, bevor die zur Kaviargewinnung „nutzlosen“, da nur zur Fleischproduktion geeigneten Männchen, wegsortiert werden können.

Hausen mit nach vorne ausstülpbarem Maul und flachen Bartfäden. (Foto: E. Fritschi)

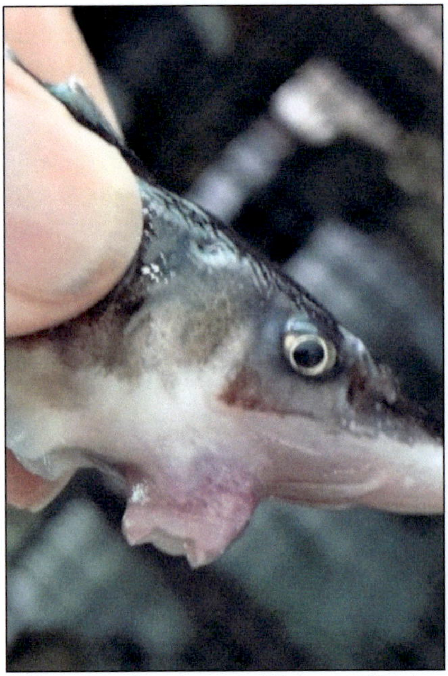

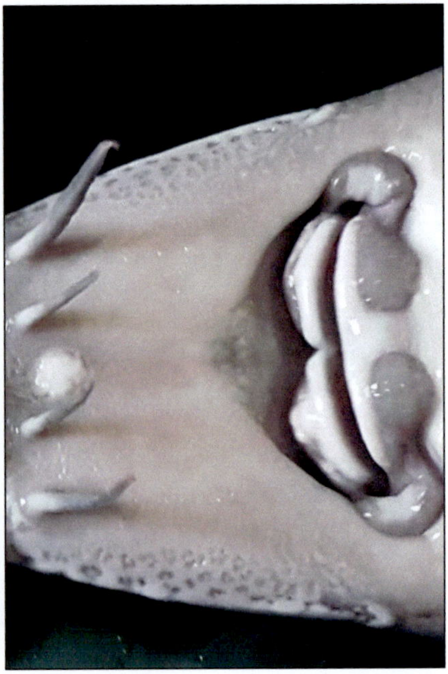

Störe mit nach unten ausstülpbarem Maul und runden Bartfäden. (Fotos: P. Steinbach)

2.2. Russischer Stör (*Acipenser gueldenstaedtii*)

Der Russische Stör oder Waxdick besitzt wie alle anderen Störarten – außer Löffelstören und Hausen – ein sich an der Unterseite des Kopfes befindliches, nach unten vorstülpbares Rüsselmaul. Die vier Barteln, die auch allen anderen Stören (außer Löffelstören) zu Eigen sind, dienen dem Auffinden von Nahrung, so dass auch blinde Tiere Nahrung finden, fressen und wachsen. Bedingt durch die Maulstellung erfolgt die Nahrungsaufnahme vorwiegend vom Boden. Senkrecht im Wasser unter den Futterautomaten stehend, können einige Tiere lernen das Futter aufzunehmen, sobald es das Wasser erreicht hat. Das gelingt nicht allen Tieren und es gibt Bestände, in denen dieses Verhalten nicht auftritt. Im Freiwasser können Arten mit Rüsselmaul nur schlecht Futter im Absinken erhaschen. Teilweise fressen Brütlinge und kleine Setzlinge, auf dem Rücken schwimmend, das auf oder an der Wasseroberfläche schwimmende Futter. Erwachsene Tiere tun dies nicht, so dass Schwimmfutter von ihnen nicht aufgenommen wird.

Der Russische Stör besitzt ausgeprägte Knochenplatten am Rücken, den Seiten und am Bauch. Jungtiere können ausgesprochen stark ausgeprägte Knochenschilde mit sehr scharfen Kanten aufweisen. Bei einigen Herkünften sind derartige Knochenschilde auch noch bei Tieren von 5-7 kg zu finden, was das Hantieren schwierig machen kann. Die Schnauze ist kürzer und runder als bei Sibirischem Stör, Sterlet, Sternhausen oder Hausen. Er wird mehr als 2 m lang und kann dann im Alter von 50-60 Jahren bis 100 kg wiegen.

Das Fett im Fleisch ist, ähnlich wie die Unterseite der Tiere, häufig gelblich gefärbt. Bei Verabreichung von carotinhaltigem Futter verstärkt sich die Färbung. Eine Reihe von Verbrauchern lehnt das Fleisch derartig gefärbter Tier ab, so dass dieses Fleisch häufig geräuchert angeboten wird, wobei eine Färbung nicht weiter auffällt. Das Grillen von aus dem ganzen Fisch geschnittenen Karbonaden, kann ebenfalls etwaige Gelbfärbung kaschieren. Der Geschmack wird durch die Carotine nicht beeinflusst. Die Gelbfärbung ist ein rein optisches Problem.

Je nach Ernährung und Haltungstemperatur benötigen Männchen unter Aquakulturbedingungen 5-8 Jahre und Weibchen 6-10 Jahre bis zur Laichreife. Die männlichen Tiere wiegen dann mindestens 3-4 kg und die weiblichen 5-6 kg. Die Eier sind 2,9-3,5 mm groß und häufig hell. Helle Eier bringen den höchsten Preis. Es ist noch nicht klar, ob die Eierfarbe vererblich ist. Die Zwischenlaichzeit beträgt bei Männchen 1-2 Jahre, bei Weibchen 1,5-3,0 Jahre.

Die Befruchtungsrate einer erfolgreichen Vermehrung beträgt im Schnitt 80 %. Bei einer Erbrütungstemperatur von 12-16 °C erfolgt der Schlupf nach 6-10 Tagen; die Überlebensrate liegt durchschnittlich bei 70 %. Die Dottersackbrut beginnt nach etwa 9-11 Tagen mit der aktiven Nahrungsaufnahme. Um ein Stückgewicht von 10 g zu erreichen, sind bei 16-25 °C ca. 70 Tage nötig, die Überlebensrate beträgt ca. 50 %. Die Besatzdichte der Brütlinge liegt bei 5.000 Stück/m²; sie wird stufenweise bis auf 350 Stück/m² bei 10 g Fischen gesenkt. Bei einer Haltungstemperatur von 22-26 °C erreichen die Tiere nach 120-140 Tagen ein Stückgewicht von 140-180 g, mit einer Überlebensrate von ca. 75 %. Die Besatzdichte sinkt von 350 auf 120 Stück/m². Nach weiteren 145-165 Tagen werden 1,3-1,4 kg bei einem Überleben von 95 % erreicht. Die vertretbare Besatzdichte steigt von 20 kg/m³ auf 50 kg/m³. Der Besatz mit Brütlingen und kleinen Setzlingen wird in Stück/m² angegeben, da die Tiere sich fast ständig auf der Bodenfläche aufhalten. Große Setzlinge und ältere Tiere nutzen den gesamten Wasserraum und die Angaben zu ihrer Besatzdichte erfolgen in kg/m³.

Einjährige Tiere, die durchgehend bei 22-26 °C aufgezogen und gefüttert wurden, können, vom Schlupfdatum aus gerechnet, ein Gewicht von 1,3-1,4 kg erreichen und als Endbestand sind bis zu 60 kg/m³ möglich. Wird der Bestand im Bereich von 19-21 °C gehalten, sind im ersten Jahr 800-900 g Stückgewicht normal. Erfolgt die Haltung unter natürlichen europäischen Klimaverhältnissen, ist der Zuwachs entsprechend geringer und derartige Tiere wiegen dann am Ende des Jahres 500-600 g. Zweijährige Tiere wiegen je nach Haltungsbedingungen 2-3 kg und das Überleben liegt bei 90 %. Dreijährige wiegen etwa 3,5-5,5 kg, das Überleben liegt bei 95 %, die Besatzdichte beträgt bis zu 60 kg/m³. Gegen Ende des Jahres können die ersten Männchen selektiert und separiert werden. Vierjährige wiegen etwa 5-7 kg, das Überleben liegt bei 95 %, die Besatzdichte beträgt bis 60 kg/m³. Die restlichen Männchen werden selektiert und entfernt. Fünfjährige wiegen 6,5-9,5 kg, das Überleben liegt bei 95 %, die mögliche Besatzdichte sinkt auf 50 kg/m³. Erster Kaviar kann gegen Ende des Jahres erwartet werden. Sechsjährige wiegen 8,5-12 kg, das Überleben beträgt 95 %, die mögliche Besatzdichte sinkt auf 40 kg/m³. Es ist mit deutlich mehr Kaviar tragenden Tieren zu rechnen. Siebenjährige wiegen etwa 10-15 kg, das Überleben beträgt 95 %, die empfohlene Besatzdichte liegt bei 40 kg/m³.

Der Russische Stör ist, ähnlich wie der Weiße Stör (*A. transmontanus*), als Setzling sehr anfällig gegen Virusinfektionen. Bisher sind 4 Viren bekannt, welche vor allem den Weißen und Russischen Stör befallen. Bei Krankheitsausbruch sind hohe Verluste möglich. Je größer die Tiere bei Ausbruch sind, desto wahrscheinlicher ist deren Genesung. Strikte

Sauberkeit und Hygiene können die Infektion und den Ausbruch verhindern. Werden Sibirischer Stör, Russischer Stör und ihre Hybriden im selben Wasserkreislauf gehalten, sind die zu erwartenden Verluste nach einer Virusinfektion beim Russischen Stör höher als bei den Hybriden und bei diesen wiederum höher als beim Sibirischen Stör, dessen Mortalität sich unterhalb von 5 % bewegt. Hingegen sind Verluste bis 90 % bei Russischem Stör und 60 % bei den Hybriden (Russischer Stör x Sibirischer Stör) keine Seltenheit.

Unter Warmwasserbedingungen sollten alle Tiere im Alter von 8 Jahren einmal kaviarreif gewesen sein oder zumindest Eiansatz zeigen. In der Teichhaltung kann es auch bis zu 10 Jahre dauern, bis alle Tiere zumindest einmal reif gewesen sind. Störe, die in diesem Alter noch nie Kaviar hatten oder auch jetzt keinen Kaviaransatz zeigen, werden aussortiert und zur Fleischgewinnung genutzt oder an Angelteiche verkauft. Im Bestand des betreffenden Jahrganges sollten sich dann nur noch Tiere befinden, die bei einer Kontrolle bereits überreif waren und daher nicht zur Kaviargewinnung herangezogen werden konnten oder Tiere, die bewusst nicht geerntet wurden, um auf den zweiten Kaviaransatz zu warten. Denn die Eier von Mehrfachlaichern sind in der Regel größer als die von Erstlaichern. Außerdem sind die Tiere in der Zwischenlaichzeit gewachsen, so dass die absolute Kaviarmenge beim zweiten Ansatz deutlich höher ist als beim ersten.

Der zweite Kaviaransatz ergibt in der Regel (um 0,1-0,2 mm) größere Eier und auch prozentual höhere Erträge als von Erstlaichern. Die Eimenge kann bei Mehrfachlaicher bis zu 20-25% des Körpergewichtes ausmachen. So kann es angebracht sein, die erste Laichreife verstreichen zu lassen und die zweite nach 1-2 Jahren zu nutzen, da der Zuwachs an Eimasse erheblich sein kann. Ein Fisch von 10 kg hätte als Erstlaicher, bei normalerweise zu erwartenden 9-10 %, 0,9-1,0 kg Eier. Nach 2 Jahren würde derselbe Fisch ca. 12-14 kg wiegen und eine Eimasse von 14-15 % vom Körpergewicht aufweisen. Innerhalb von 2 Jahren würden so ca. 1,8 kg Eier zu erwarten sein. Anders ausgedrückt sind das 400 g Eizuwachs pro Jahr Haltung. Die 1000 g Eier des Erstlaichers ergeben dividiert durch 6 Jahre Wachstum 1.000:6 = 167 g Eizuwachs pro Jahr. Die geringeren Futterkosten um die Eier der 2 Zusatzjahre zu erzeugen sind in diesem Beispiel nicht berücksichtigt. Das erste Kilogramm Eier kostet zur Erzeugung allein an Futter etwa 30 kg Futter (bei einem 10 kg Fisch und einem FQ von 3,0), die zusätzlichen 800 g Eier der nächsten 2 Jahre deutlich weniger, nämlich etwa 7-14 kg Futter. Der Zuwachs des Fisches von 2-4 kg wurde dabei mit einem Futterquotient (FQ) von 3,5 gerechnet.

Jüngerer Europäischer Hausen. (Foto: P. Steinbach)

Ältere Russische Störe. (Foto: P. Steinbach)

Laichreife Sibirische Störe. (Foto: M. Hochleithner)

2.3. Sibirischer Stör (*Acipenser baerii*)

Der Sibirische Stör kommt, wie der Name schon sagt, in Sibirien vor und ist eine reine Süßwasserspezies. Er wandert nicht ins Meer, sondern höchstens ins Brackwasser im Mündungsgebiet von Flüssen. In der Natur dienen als Nahrung Insektenlarven, Würmer, Weichtiere, Krebstiere, Eier anderer Fische und kleine Bodenfische. Die Nahrung wird vorzugsweise vom Boden aufgenommen, nur Brütlinge und kleine Setzlinge fressen teilweise, auf dem Rücken schwimmend, an der Wasseroberfläche schwimmendes Futter. Er wird ähnlich groß und alt wie der Russische Stör, ist aber unter Aquakulturbedingungen 1-2 Jahre eher reif. Je nach Ernährung und Haltungstemperatur benötigen Männchen 3-5 Jahre und Weibchen 4-7 Jahre zur Laichreife. Männchen sind dann mindestens 3 kg und Weibchen 4 kg schwer. Die Eier sind etwas dunkler und kleiner als beim Russischen Stör. Der Durchmesser beträgt 2,7-2,9 mm, bei Mehrfachlaichern auch bis 3,4 mm. Unter Aquakulturbedingungen im Warmwasser beträgt die Zwischenlaichzeit bei Männchen 1-1,5 Jahre, bei Weibchen 1-1,8 Jahre. Erste Tiere (20-25 %) können bereits nach 10-11 Monaten erneut Kaviar gebildet haben. Werden die Tiere in Teichen gehalten, sind für 60-80 % des Bestandes zwei Sommer zur Produktion neuer Eier nötig. Die restlichen 20-40 % benötigen einen weiteren Sommer.

Bei der Haltung sollten 21 °C langfristig möglichst nicht überschritten werden, da sonst, anders als bei Hausen, Sternhausen, Waxdick, Adriastör, Amurstör, Weißem Stör und Sterlet zunehmend Verluste durch Stress auftreten können. Dabei wirkt nicht die Temperatur als solche, sondern wohl eine Überlastung des Stoffwechsels als Auslöser. Einstellen der Fütterung und völliges in Ruhe lassen lässt den Sibirischen Stör auch Temperaturen von 28-29 °C verlustfrei überstehen. Umstellung der Fütterung ab 20 °C auf ein den Stoffwechsel und Kreislauf weniger belastendes Futter ist ebenfalls hilfreich, Verluste zu minimieren oder völlig zu vermeiden. Mit derartigen angepassten Futtermitteln kann, ausreichend Sauerstoff vorausgesetzt, auch bei 23-25 °C noch problemarm gefüttert werden. Der beste Zuwachs ist allerdings bei 18-20 °C zu erwarten.

Die Befruchtungsrate der Eier beträgt im Schnitt 80-85 %. Bei einer Erbrütungstemperatur von 14-17 °C erfolgt der Schlupf nach 6-10 Tagen, wobei sich der Schlupf über mehrere Tage hinziehen kann. Die Überlebensrate liegt im Bereich von 70-80 %. Ein Gewicht von 10 g wird bei 16-20 °C nach 70-80 Tagen erreicht, die Überlebensrate beträgt 50-60 %. Eine anfängliche Besatzdichte von 5.000 Stück/m², welche langsam bis auf 350 Tiere/m² bei 10 g gesenkt wurde, ist vertretbar. Unter optimalen Praxisbedingungen kann man, vom befruchteten Ei ausgehend, mit einer Verlustrate von 30-40 % rechnen, bis 10 g Stückgewicht erreicht sind. Bis zu einem Körpergewicht von einem Kilogramm werden durch Tod oder Entfernung schlecht wachsender Tiere weitere 20-30 % ausscheiden. Letztendlich sind nach einem Jahr von den befruchteten Eiern (100 %) mindestens 25 % gesunde, gut wachsende Tiere mit 0,9-1,2 kg Stückgewicht zu erwarten. In gut geführten Anlagen kann das Ergebnis durchaus 30 % betragen oder sogar übertreffen. Die Aufzuchtergebnisse schwanken nicht nur in Abhängigkeit von den Haltungsbedingungen, sondern auch in Abhängigkeit von Jahrgang, Qualität und Eignung beider Elterntiere. Die Besatzdichte kann von 30 kg/m³ auf 50 kg/m³ zum Ende des Jahres steigen, gleichbleibend gute Wasserqualität vorausgesetzt. Gegen Ende des zweiten Jahres können die Tiere unter Warmwasserbedingungen im Schnitt 2,5-3,0 kg wiegen, in Teichen 1,5-2,5 kg. Zu diesem Zeitpunkt (>2,5-3,0 kg) lassen sich ca. 50-70 % des Bestandes mittels Ultraschall in weiblich und männlich trennen. Bei 50-30 % kann das Geschlecht häufig noch nicht sicher erkannt werden. Derartige Tiere benötigen ein weiteres Jahr bis zur sicheren Bestimmung. Das Überleben des Jahrgangs liegt bei 90 %. Wird die Geschlechtsbestimmung mittels invasiver Methoden (Biopsie, Endoskop, Otoskop) durchgeführt, sind ca. 5 % zusätzliche Verluste als Folge der Untersuchung möglich. Ende des dritten Jahres wiegen die Fische im Warmwasser 3,5-5,0 kg, in Teichen unter natürlichen Temperaturen 2,5-4,0 kg. Bestandsdichten im Warmwasser betragen 50-60 kg/m³. Die bisher nicht erfassten Männchen werden selektiert und entfernt. Je nach Herkunft, Fütterung und Haltungsbedingungen kann es sein, dass 5-10 % der Tiere, auch nach dieser Zeit, nicht bestimmbar sind und daher zusammen mit den Männchen abgegeben werden sollten. Die Verluste im Laufe des Jahres betragen ca. 5-10 %. Werden invasive Methoden zur Geschlechtsbestimmung angewandt, ist bei den untersuchten Tieren dieses Alters mit zusätzlichen 5-10 % an Verlusten zu rechnen. Die Tagesleistung beträgt dabei je nach angewandter Methode und Erfahrung der untersuchenden Person etwa 200-400 Tiere/Tag. Ende des vierten Jahres können die Tiere im Warmwasser 7-9 kg wiegen, in Teichen 5-6 kg. Die Besatzdichte kann weiterhin bis zu 60 kg/m³ betragen. Die Überlebensrate bewegt sich im Bereich von 90 %. In seltenen Fällen kann unter Warmwasserbedingungen mit dem ersten Kaviar gerechnet werden. Ende von Jahr fünf wiegen die Tiere im Warmwasser 8-10 kg; in Teichen sind 6-8 kg zu erreichen. Die Besatzdichte unter Warmwasserbedingungen sollte 50 kg/m³ nicht überschreiten. Die Verluste betragen ca. 10 %. Etwa 10-20 % der Tiere können unter Warmwasserbedingungen bereits Kaviar haben. In Teichen finden sich nur vereinzelt Tiere mit Kaviar. Ende von Jahr sechs können die Tiere im Warmwasser 10-14 kg wiegen, in Teichen 8-10 kg. Die

Besatzdichte beträgt nach wie vor 50 kg/m³ im Warmwasser. In Teichen richtet sich die Besatzdichte nach Wasserzufluss, Sauerstoffgehalt und Temperatur. Die Masse der Tiere im Warmwasser trägt nun Kaviar. Die Verluste betragen etwa 10 %. In Teichen ist mit geringen bis mittleren Mengen Kaviar zu rechnen. Ende Jahr sieben sollten im Warmwasser alle Tiere mindestens einmal Kaviar gehabt haben, in Teichen kann es noch 1-2 Jahre dauern bis alle Tiere zumindest einmal Kaviar hatten oder Eiansatz zeigen.

In den Beständen, deren Tiere, aus was für Gründen auch immer, überreif geworden sind und daher die überreifen Eier resorbieren müssen, können die Verluste dieser Tiere 8-15 % betragen. Je höher der Eiansatz war, desto höher die Verluste, da viele zu resorbierende Eier (>15 %), eben auch erhebliche Stoffwechselbelastungen mit sich bringen. Derartige Tiere, wenn möglich, nicht über 18 °C halten und nur sehr verhalten füttern. Werden überreife Erstlaicher die ersten 1-2 Monate, bis die Eier resorbiert sind, kühl (14-16 °C) mit hohen Wasseraustauschraten (Strömung) gehalten und nur sehr verhalten gefüttert (<0,1 %/Tag), können die Verluste auch nur 2-5 % betragen. Mit neuen, erntebaren Eiern ist nach frühestens 10 Monaten im Warmwasser und 2 Sommern in Teichen zu rechnen. Tiere, die im Warmwasser nach 7 Jahren und in Teichen nach 9-10 Jahren keinen Ei-Ansatz aufweisen, sollten schnellstmöglich entfernt und zu Fleisch verarbeitet oder an Angelteiche abgegeben werden.

Je nach Fütterung, Herkunft und Haltungsbedingungen kann bei Erstlaichern mit 8-10 % fertigen Eiern (nicht Ovarien) und bei Mehrfachlaichern mit 15-18 % fertigen Eiern gerechnet werden. Fertige Eier sind solche, die nach Trennung von Eiern, Ovarialgewebe und eventuellem Fett übrig bleiben. Ist in den entnommenen Ovarien kein sichtbares Fett vorhanden, wird hauptsächlich Ovarialgewebe entfernt, dessen Menge bei etwa bei 1-2 % liegt. Falsch gefütterte und/oder fette Tiere haben auch schon mal nur 3-5 % brauchbare Eier pro kg Körpergewicht. Falsche Fütterung bedeutet in den meisten Fällen, zu viel Futter aller Tiere oder nur einzelner Tiere durch falsche Fütterungstechnik, bei der nur die kräftigen Fische an das Futter gelangen. In einigen Fällen kann die Fettbildung im Bauchraum des Fisches, zumindest teilweise, an zu vielen verdaulichen Kohlehydraten (>17 %) im Futter liegen.

2.4. Sternhausen (*Acipenser stellatus*)

Der Sternhausen oder nach seinem russischen Namen auch Sevruga genannt, besitzt einen sehr lang gestreckten Körper mit ausgeprägten hellen Knochenplatten. Zwischen den Reihen der Rücken- und

Seitenknochenschilden ist der Körper in Reihen mit sternförmigen Knochenplättchen besetzt. Diese sind wohl für den Namen Sternhausen mit verantwortlich. Die Schnauze ist langgestreckt und die Barteln stehen näher zum Maul als zur Schnauzenspitze. Der Sternhausen wird etwa 35 Jahre alt und kann wohl auch in seltenen Fällen 70-80 kg erreichen. Die Normalgröße bewegt sich aber eher bei 15-25 kg. Der kleinkörnige Kaviar schmeckt recht intensiv.

Die Laichreife tritt unter Aquakulturbedingungen bei den Männchen mit 5-7 Jahren und bei den Weibchen mit 6-8 Jahren ein. Ein Ei ist etwa 2,0-2,2 mm im Durchmesser und entspricht damit in etwa der Größe von Sterlet-Eiern. Die Zwischenlaichzeit beträgt bei den Männchen, abhängig von Temperatur und Haltungsbedingungen, 1-2 Jahre und bei den Weibchen 1,5-2 Jahre. Die Tiere laichen bei, im Vergleich zu anderen Störspezies, hohen Temperaturen von 15-25 °C und können auch bei Temperaturen von 20-26 °C ohne Schwierigkeiten gehalten werden. Das beste Wachstum ist im Bereich von 20-23 °C zu erwarten. Sternhausen neigen zum Springen, so dass ihre Haltung in Becken in jedem Fall eine Netzabdeckung oder einen sehr hohen Freibord am Beckenrand erfordert.

Die Befruchtungsrate der Eier sollte 80 % möglichst nicht unterschreiten. Bei einer Erbrütungstemperatur von 15-20 °C erfolgt der Schlupf, der durchaus mehrere Tage dauern kann, nach 6-10 Tagen. Da die Eier des Sternhausens relativ klein sind, wiegt die Dottersackbrut etwa 10-15 mg/Stück und nicht wie bei Sibirischem Stör und Waxdick 20-25 mg/Stück oder Hausen 30 mg/Stück. 10 g Stückgewicht werden 70-80 Tage nach Beginn der aktiven Nahrungsaufnahme erreicht, 80-120 g nach weiteren 120-150 Tagen. Dottersackbrut kann mit einer Besatzdichte von 4.000 Stück/m² gehalten werden, welche für fressende Brut auf 1.500 Stück, für 10 g Fische auf 300 Stück/m² und für Tiere von 80-120 g auf 80 Stück/m² gesenkt wird. Um die angegebenen Zuwachsraten zu erzielen, sollte die Haltungstemperatur 18-25 °C betragen. Bei kälterem Wasser wachsen die Tiere entsprechend langsamer. Sollen sie als Zierfische verkauft werden, ist es besser die Wassertemperatur unterhalb von 18 °C zu halten, damit sie nicht zu schnell zu groß und damit zu teuer für den Kunden werden. Ausgehend von der Zahl der befruchteten Eier können 25-30 % Setzlinge mit 10 g erwartet werden. Bis zum Gewicht von 80-120 g können nochmals 30 % Ausfälle auftreten. In gut geführten Anlagen können die Ausfälle abhängig von Haltungsbedingungen (Wasserqualität, Besatzdichte, Futterregime) sowie Elterntierqualität und Jahrgang deutlich geringer ausfallen. Sind die Setzlinge, vom Beginn des Schlüpfens an gerechnet, ein Jahr alt, können sie 0,7-1,2 kg wiegen. Für schnelles Wachstum sollte die Haltungstemperatur 22-26 °C betragen; die Besatzdichte kann gegen Ende des Jahres auf 50 kg/m³ steigen. Das

Überleben sollte mindestens 80 % erreichen. Bei natürlichen Haltungstemperaturen wie in Teichen, wiegen einjährige Tiere auch schon mal nur 400-600 g/Stück. Zum Ende des zweiten Jahres ist ein Gewicht von 1,8-3,5 kg bei 90 % Überleben möglich, sofern die Temperatur 22-26 °C beträgt und die Besatzdichte Ende des Jahres 50 kg/m³ nicht überstieg. Bei natürlichem Temperaturverlauf wiegen zweijährige Tiere oft nur 0,9-1,5 kg/Stück. Derartige Tiere sind sehr langgestreckt und dünn. Ende des dritten Jahres sind bei 95 % Überleben Gewichte von bis zu 4,5 kg möglich, vorausgesetzt die Haltung erfolgt bei 22-26 °C und einer Besatzdichte, die 50 kg/m³ nicht übersteigt. Im Laufe des Jahres können die ersten Männchen aussortiert werden. Bei natürlichen Temperaturen sind Stückgewichte von 2-3 kg als normal anzusehen. Ende des vierten Jahres können bei 22-26 °C und 50 kg/m³ die Stückgewichte 4-6 kg betragen, bei natürlichen Temperaturen auch nur 3-4 kg. Männchen werden weiterhin aussortiert. Das Überleben kann durchaus im Bereich von 95 % liegen. Ende des fünften Jahres kann unter Warmwasserbedingungen das Stückgewicht bis zu 7 kg bei 95 % Überleben erreichen. Bei natürlichen Haltungstemperaturen wie in Teichen sind 4-5 kg erreichbar. Ab dem sechsten Jahr ist der erste Kaviar zu erwarten. Die Besatzdichte sollt 50 kg/m³ nicht überschreiten und bei den Kaviarfischen (graue Eier <1,8 mm) möglichst auf 40 kg/m³ gesenkt werden.

2.5. Sterlet (*Acipenser ruthenus*)

Der Sterlet ist die kleinste wirtschaftlich genutzte Störart und lebt wie der Sibirische Stör ausschließlich im Süßwasser einiger großer Flüsse. Der Sterlet wird bei einem Gewicht von ca. 16 kg bis zu 1,2 m lang und erreicht ein Alter von 20-25 Jahren. Er besitzt eine relativ lange spitze Schnauze und wenig ausgeprägte, aber zahlreiche (mehr als 50) seitliche Knochenplatten. Die Außenkanten der Flossen sind häufig weiß gesäumt. In der Natur besteht die Nahrung aus Insektenlarven, Würmern, Weichtieren und den Eiern anderer Fische. Im und auf Bodenschlamm lebende Organismen werden zusammen mit dem Schlamm gefressen, so dass Fleisch und Kaviar solcher Tiere, die nicht oder nicht ausreichend gehältert wurden, recht unangenehm, nach Schlamm schmecken kann.

Sterlet und Beluga werden bzw. wurden häufig gekreuzt, um das enorme Wachstumspotential des Hausens zu nutzen, ebenso wie die frühere Laichreife des Sterlets. Der Name Bester dieser Hybriden wird aus den Anfangsbuchstaben von Beluga und Sterlet gebildet. Die Tiere sind nicht steril und lassen sich daher vermehren. Die Nachkommen spalten jedoch zunehmend in die Ursprungsarten auf, so dass sie stets neu aus den Ursprungsarten erzeugt werden sollten. Bester Eier werden in der Größe von etwa 2 mm geerntet, da ein großer Teil der Tiere danach überreif wird.

Laichreife Sternhausen. (Foto: P. Steinbach)

Normalfarbige Sterlet und Albinos. (Foto: P. Steinbach)

In der Aquakultur gibt es neben den „normalen“ graubraunen Tieren sehr helle, beige, gelbliche bis weißliche Tiere ohne rote Augen (Xanthorismus = Form des Albinismus), bei denen die für die Farben rot/gelb zuständigen Melanophoren vorhanden sind, die für schwarz/braun zuständigen aber fehlen. Echten oder vollständigen Albinos fehlen beide. Diese sind fast farblos oder weiß und besitzen roten Augen. Sie werden, wie auch die Xanthoristen, vor allem als Zierfische vermarktet. Ein Teil der Tiere (Albino) wird bis zur Kaviarreife aufgezogen, um deren weißen Kaviar zu verkaufen. Die immer wieder zu lesenden Preise von mehreren Tausend Euro pro Kilogramm des weißen oder Zar-Kaviars sind in der Regel, oder besser gesagt, nie realistisch. Weißer Kaviar ist häufig weich und etwas schmierig und bis auf die Farbe nicht ungewöhnlich. Grauer Sterlet-Kaviar, ist meiner Meinung nach, nach Beluga aus Wildfängen, der nicht mehr verfügbar ist, der Beste oder Wohlschmeckendste, obwohl die Eier nur etwa 2 mm Durchmesser aufweisen.

Der Sterlet ist eine für Störe sehr frühreife Spezies. Unter Warmwasserbedingungen können Männchen zu Beginn des zweiten Jahres sicher erkannt werden und gegen Ende des zweiten Jahres sind die ersten Weibchen laichreif; die Masse allerdings erst nach 3 Jahren. Unter Warmwasserbedingungen beträgt die Zwischenlaichzeit bei Männchen weniger als ein Jahr und bei Weibchen 0,8-1,2 Jahre oder zwei Sommer unter natürlichen Temperaturen in Naturteichen, Fließkanälen oder Netzgehegen.

Bei der Vermehrung kann unter Praxisbedingungen mit einer Befruchtungsrate von ca. 75 % und einem Schlupf von ca. 60 % gerechnet werden. Die besten Ergebnisse werden erzielt, wenn Sterlet Rogner nicht mit Laichern anderer Spezies im selben Kreislauf-/Wassersystem zum Ablaichen gebracht werden, da Interaktionen zwischen den Arten die Laichbereitschaft von Sterlet Rognern negativ beeinflussen können (pers. Mitteilung R. Gensler).

Das Gewicht der Brütlinge liegt auf Grund der kleinen Eier bei 9-10 mg. Die Wassertemperatur bei der Erbrütung beträgt 12-16 °C und nimmt 5-8 Tage in Anspruch. Wie bei allen anderen Stören kann der Schlupf mehrere Tage dauern. Um 10 g Stückgewicht zu erreichen benötigen die Tiere ca. 90 Tage ab Schlupf, sofern die Haltung bei 18-25 °C erfolgte. Werden die Tiere bei 15-17 °C gehalten, benötigen sie etwa 110-140 Tage um dieses Gewicht zu erreichen. Das Überleben der Dottersackbrut bis zum aktiven Fressen liegt bei 70 % und bis 10 g bei 50 %. Dabei kann die Besatzdichte der Dottersackbrut zu Beginn 5.000 Stück/m² betragen, sinkend auf 1.500 bei Beginn der aktiven Nahrungsaufnahme und 350 Stück/m² bei 10 g. Innerhalb von 120-140 weiteren Tagen können bei 22-

26 °C und einer Überlebensfähigkeit von 70 % etwa 60-90 g Stückgewicht erzielt werden. Nach einem Jahr sind unter optimalen Bedingungen Verlustraten von 5 % und ein Zuwachs auf 400-500 g Stückgewicht möglich. Die Besatzdicht sollte 50 kg/m³ nicht überschreiten. Werden die Tiere bei mitteleuropäischen Temperaturverhältnissen gehalten, beträgt das erreichbare Gewicht nach einem Jahr nur 90-100 g. Ende des zweiten Jahres sind bei gleichbleibender Temperatur von 22-26 °C und einer Überlebensrate von 90 % etwa 0,8-1,2 kg Stückgewicht möglich. Im Laufe des Jahres kann ein großer Teil der Männchen aussortiert werden, der Rest wird im dritten Jahr entfernt. Ende des zweiten Jahres besitzen die ersten Weibchen Kaviar. Im dritten und vierten Jahr ist die Masse laichreif. Unter Teichbedingungen und bei der Haltung mit natürlichen Temperaturen zieht sich die Laichreife ein bis zwei Jahre weiter hin und das Stückgewicht Ende des zweiten Jahres beträgt ca. 400-500 g und Ende des dritten Jahres 800-1.000 g. Eiertragende Tiere sollten möglichst nicht dichter als 40 kg/m³ gesetzt werden.

Der Sterlet nutzt fast ausschließlich den Beckenboden und nicht, wie die anderen Arten, auch das Freiwasser. In der Aquakultur ist er damit die Art, die auch in wenig tiefen Becken am schlechtesten beobachtet werden kann. Albinos sind allerdings deutlich besser zu sehen als „normale“ Tiere.

2.6. Adriastör (*Acipenser naccarii*)

Der Adriastör kommt, wie der Name schon sagt, in der Adria und ihren großen Zuflüssen vor und gehört zu den mittelgroßen Arten. Er wird bei einem Alter von 50 Jahren und 2 m Länge etwa 160 kg schwer. Die Schnauze ist kurz und breit, die Barteln stehen nahe zur Schnauzenspitze. Zwischen Rücken- und Seitenschilden weisen die Tiere eine erhebliche Anzahl kleiner Knochenplättchen auf. Die Tiere sind von oben gesehen graubraun bis schwarz und an der Unterseite gelblich bis weiß. Die Jungtiere sind auffällig gefleckt und damit leicht von anderen Stören zu unterscheiden. Diese Störart wird vor allem in Italien und Spanien gehalten, da sie warme Temperaturen bevorzugt. Gelegentlich werden auch Hybriden mit anderen Störarten erzeugt.

Die Eigröße beträgt etwa 2,3-2,6 mm. Nach der Befruchtung ist bei 15-16 °C nach etwa 10 bis 12 Tagen mit dem Schlupf zu rechnen. Die aktive Nahrungsaufnahme beginnt nach weiteren 10-12 Tagen. Unter Teichbedingungen ist nach einem Jahr, mit einem Gewicht von 300 g und nach zwei Jahren mit 2 kg zu rechnen. Unter Warmwasserbedingungen erreichen die Tiere nach einem Jahr etwa 600-800 g, nach 2 Jahren 2-3 kg und nach 3 Jahren 4-5 kg.

Geschlechtsreif werden Männchen mit 6-8 Jahren (Teich, Kanal, Gehege) und die Weibchen nach 8-12 Jahren. Nach *Hochleithner (2012)* beträgt das Gewicht der geschlechtsreifen Tiere bei einer Größe von 0,8-1,0 m etwa 7-18 kg. Unter ganzjährigen Warmwasserbedingungen können die Männchen nach 4-6 Jahren geschlechtsreif werden und die Weibchen nach 6-8 Jahren, bei einem Gewicht von 5-8 kg. Die Zwischenlaichzeit unter Warmwasserbedingungen beträgt bei den Männchen etwa 1 Jahr und bei den Weibchen 1-2 Jahre.

Nach *Arlati & Bronzi (1995)* können die Tiere bei 23 ±2 °C in 3,5 Jahren ein Durchschnittsgewicht von 8 kg erreichen mit einem Maximum von 14 kg. Im Temperaturbereich von 15-18 °C wird ein Durchschnitt von 6 kg mit einem Maximum von 8 kg erreicht. Temperaturvariationen von 10-30 °C, wie sie im Kühlwasser von Kraftwerken typischerweise herrschen, lassen einen Durchschnitt von 6 kg mit einem Maximum von 13 kg erwarten.

2.7. Weißer Stör (*Acipenser transmontanus*)

Der Weiße Stör, eine aus Nordamerika (Pazifikküste) stammende Störart gehört, neben dem Hausen, zu den groß und alt werdenden Arten. Er ist nicht, wie der Name etwa vermuten lassen würde, weiß gefärbt, sondern an der Oberseite grau mit weißer Unterseite. Die Schnauze ist relativ kurz und breit. Zwischen den recht hellen Reihen großer Knochenplatten an der Seiten befinden sich zahlreiche kleine Knochenplättchen. In der Natur dienen als Nahrung Bodentiere wie etwa Insektenlarven, Krebstiere, Weichtiere, Eier anderer Fischarten und kleinere Bodenfische.

Er wird bei einem Alter von über 80 Jahren und einem Gewicht von 800 kg bis über 6 m lang. Die Eier werden 3,4-3,8 mm groß und sind meistens etwas kleiner im Durchmesser als Hauseneier. Im Kootenai River existiert neben der normalen zwischen Meer- und Süßwasser wandernder Population auch eine reine Süßwasserpopulation (*Hochleithner*, *2012*).

Je nach Ernährungs- und Haltungsbedingungen können Männchen bei einer Länge von 1,0-1,2 m nach 9-12 Jahren geschlechtsreif werden und Weibchen mit 1,2-1,6 m nach 11-20 Jahren (*Hochleithner, 2012).* Unter Warmwasserbedingungen beträgt die Zwischenlaichzeit bei Männchen 1-2 Jahre und bei Weibchen 2-3 Jahre. Bei der Haltung in Naturteichen, Fließkanälen oder Netzgehegen, unter mitteleuropäischen oder nord-amerikanischen Wetterbedingungen, beträgt die Zwischenlaichzeit der Weibchen normalerweise 3-4 Jahre.

Jüngere Adriastöre. (Foto: M. Hochleithner)

Älterer Weißer Stör. (Foto: M. Hochleithner)

Laichreifer Amurstör. (Foto: M. Hochleithner)

Bei 14-16 °C ist der Schlupf nach 7-8 Tagen zu erwarten und kann 2-3 Tage dauern. Die aktive Nahrungsaufnahme erfolgt nach 10 Tagen. Einjährige Tiere erreichen ab Schlupf, bei 20 °C und einer Besatzdichte unterhalb von 30 kg/m³ ein Gewicht von 500-1.000 g. Zweijährige Tiere können 1,5-2,5 kg erreichen; dreijährige 4,5-5,5 kg; vierjährige 9-11 kg; fünfjährige 15-18 kg; sechsjährige 22-28 kg; siebenjährige 30-35 kg; achtjährige 38-42 kg und zehnjährige über 60 kg.

Bis zum ersten Kaviar werden in der Intensivhaltung 7-12 Jahre benötigt, die Besatzdicht kann 90 kg/m³ betragen. Höhere Besatzdichten haben keinen Einfluss auf den Zeitpunkt der Geschlechtsreife, allerdings ist der Zuwachs verlangsamt. Die Geschlechtsbestimmung kann durch Biopsie in einem Alter von 36-48 Monaten erfolgen. Ultraschall sollte eine Geschlechtsbestimmung nach 24-36 Monaten ermöglichen. Da der höchste Fleischpreis für die Männchen bei Gewichten oberhalb von 8-10 kg erzielt wird, erfolgt in den USA häufig erst dann die Geschlechtsbestimmung (pers. Mitteilung J. Michaels).

Als Viren, die den Weißen Stör befallen, sind Herpesviren, sowie ein Adenovirus und ein Iridovirus bekannt. Die höchsten Verluste von bis zu 90 % treten auf, wenn die Tiere früh – vor dem ersten Jahr – mit ihnen in Berührung kommen. Bei älteren Tieren (>500 g) betragen die Verluste 10-30 % in den ersten 2-3 Monaten nach der Infektion und sinken dann auf 1,0-1,5 % pro Monat. Sobald die Weibchen (8-10 kg) in kälterem Wasser (10-15 °C) gehalten werden, sind Verluste selten. In der Intensivhaltung (USA) sind bis zum Alter von 5 Jahren, 16-18 kg Gewicht, 23 °C Wassertemperatur und Besatzdichten von 50 kg/m³ üblich, danach bis zum Gewicht von 60-70 kg, in einem Alter von 11-12 Jahren und einer Haltungstemperatur von 10-15 °C, stehen die Tiere bei 90 kg/m³ (pers. Mitteilung J. Michaels).

2.8. Amurstör (*Acipenser schrenckii*)

Der Amurstör ist, wie der Name schon sagt, im Amur und seinen Nebenflüssen in Ostasien beheimatet und gehört zu den mittelgroßen Stören. Es existieren zwei Farbvarianten. Die eine ist grau und kommt von der Quelle bis zur Mündung des Amur vor, aber nicht im Salzwasser. Die zweite Farbvariante ist braun gefärbt und findet sich im Bereich Mittellauf bis Mündung. Die Unterseite ist bei beiden Farbvarianten gelblich bis weiß. Die Schnauze ist spitz zulaufend. Die Seitenschilde sind hell gefärbt und zwischen den Schildreihen befinden sich, anders als z. B. beim Sternhausen, nur wenige sternförmige Knochenplättchen. In der Natur dienen als Nahrung, wie bei den übrigen Arten auch, vor allem Insektenlarven, Krebstiere, Weichtiere, kleine Bodenfische und Fischeier.

Das Alter dieser Art kann bei einem Gewicht von knapp unter 200 kg und einer Länge um 3 m bis zu 65 Jahre betragen.

Die Tiere werden unter natürlichen Bedingungen (Teich, Kanal, Gehege) als Männchen in 7-10 Jahren und als Weibchen in 8-15 Jahren laichreif. Unter optimalen Haltungsbedingungen und im Warmwasser mit Temperaturen von 19-24 °C, kann die Laichreife der Männchen bereits nach 5-6 Jahren und die der Weibchen nach 6-8 Jahren erreicht werden. Der Durchmesser der Eier beträgt etwa 2,6-3,5 mm.

Bei einer Vermehrung unter Aquakulturbedingungen ist eine Befruchtung von 70-80 % als normal anzusehen. Der Schlupf erfolgt, eine Temperatur von 17-20 °C vorausgesetzt, nach 4-5 Tagen, die aktive Nahrungsaufnahme beginnt nach 8-9 Tagen. Werden die Tiere bei 19-23 °C gehalten und optimal gefüttert, können ab Schlupf innerhalb eines Jahres 0,8-1,3 kg Stückgewicht erreicht werden, in zwei Jahren 3,5-4,5 kg, in drei Jahren 6-8 kg und in 4 Jahren 9-12 kg. Natürliche Temperaturen mit verhaltener Fütterung lassen in 6 Jahren Gewichte von 7-9 kg erwarten.

2.9. Weitere Arten

Natürlich gibt es noch weitere Störarten, von denen Kaviar gewonnen wird. Diese haben für die Kaviarproduktion jedoch nur eine geringe oder lokale Bedeutung, da nur kleine Mengen erzeugt werden, wie der Sibirische Hausen (*Huso dauricus*), von welchem nur in Ostasien (China) Kaviar erzeugt wird oder der Kurznasenstör (*Acipenser brevirostrum*), von dem nur in Nordamerika (Kanada) Kaviar produziert wird. Für die Kaviarproduktion könnte jedoch auch jede andere Störart verwendet werden.

Von wildgefangenen Stören wurde, zumindest früher, auch vom Glattdick (*Acipenser nudiventris*), Seestör (*Acipenser fulvescens*), Persischen Stör (*Acipenser persicus*) und Atlantischen Stör (*Acipenser oxyrinchus*) Kaviar gewonnen. Diese Störarten werden jedoch derzeit, noch nicht für die Kaviarproduktion in der Aquakultur genutzt. Die eine oder andere Art aber vielleicht in Zukunft.

Die restlichen Arten der Gattung Störe (*Acipenser*) sind, zumindest derzeit, für eine Kaviarproduktion kaum verwendbar, da sie entweder international streng geschützt sind wie der Gemeine Stör (*Acipenser sturio*) oder zumindest national geschützt sind wie der Chinesische Stör (*Acipenser sinensis*) und Jangtsestör (*Acipenser dabryanus*) oder aber der Kaviar und das Fleisch überhaupt nicht geschätzt werden wie vom Grünen Stör (*Acipenser medirostris*).

Jüngerer Glattdick. (Foto: M. Hochleithner)

Ältere Kurznasenstöre. (Foto: M. Hochleithner)

Laichreifer Chinesischer Stör. (Foto: M. Hochleithner)

Literatur:
Arlati & Bronzi, 1995; Chebanov & Galich, 2009; Conte et al., 1988; Hochleithner, 2012; Kirschbaum, 2010; Mims et al., 2012; Reichle, 1997; Ruban, 2005; Steffens, 1981; Williot et al., 2018;

3. GESCHLECHTSBESTIMMUNG

Je nach Produktionsziel, Haltungsbedingungen und Entwicklungsdauer kann die Geschlechtsbestimmung der Tiere nach unterschiedlichen Zeiten mit unterschiedlichen Stückgewichten erfolgen (siehe Störarten). Sobald die Tiere das gewünschte Alter oder die angestrebte Größe erreicht haben, ist es angebracht eine Geschlechtsbestimmung vorzunehmen und die Geschlechter zu trennen.

Die Männchen (♂) werden, sobald sie marktfähig sind, verkauft, da sie keinen Kaviar tragen. Ihr Wert liegt eben nur im Fleisch und nicht wie bei den Weibchen (♀) neben dem Fleisch vor allem im Kaviar. Zur Vermehrung geeignete Männchen (schnellwüchsig, frühreif, vital) lassen sich aus den bei der Geschlechtsbestimmung anfallenden Tieren gut heraussortieren. Die häufig beobachtete Methode jedes Männchen, das Sperma hat, zur Vermehrung zu nutzen, egal, wo es herkommt, wie groß es ist und wie alt, verbessert die Nachkommenschaft nicht.

Zur Geschlechtsbestimmung können nicht invasive oder invasive (eindringende) Methoden eingesetzt werden. Zu den nicht invasiven Methoden zählen die Betrachtung von äußeren Geschlechtsmerkmalen oder die Verwendung von Ultraschall. Zu den invasiven Methoden gehören Biopsienadel und Endoskop oder Otoskop.

3.1. Nicht invasive Methoden

Hausen, Sterlet, Sibirischer und Russischer Stör zeigen bei beginnender Reife eine Graufärbung des Kopfes. Da Männchen eher reif werden als Weiblichen, sind die Tiere eines Bestandes, die zuerst diese Graufärbung zeigen, mit hoher Wahrscheinlichkeit männlich und können heraussortiert werden. Voraussetzung ist, dass der gesamte Bestand dasselbe Alter aufweist und unter identischen Bedingungen aufgezogen wurde. Der nach dem Aussortieren der grauköpfigen Männchen zurückbleibende Bestandsrest besteht zu 80-90 % aus Weibchen. Bei vollreifen Tieren sind die Weibchen durch den Ei-Ansatz runder als die Männchen. Es sei denn, man hat mit sehr fetten Tieren zu tun, dann sind beide rundbauchig.

Des Weiteren sind Männchen vom Adriastör, Sibirischen und Russischen Stör an der Unterseite oft dunkler gefärbt. Die Brustflossen von Sterlet Weibchen sind manchmal länger und spitzer als die der Männchen. Hingegen weisen Amurstör Männchen längere Brustflossen als die Weibchen auf, welche gerundete und breitere Flossen besitzen. Die Urogenitalöffnung des Weißen Störs ähnelt in der Form, bei den Männchen einem Y und bei den Weibchen einem O.

Störgruppe mit erkennbar grauköpfigen Männchen. (Foto: P. Steinbach)

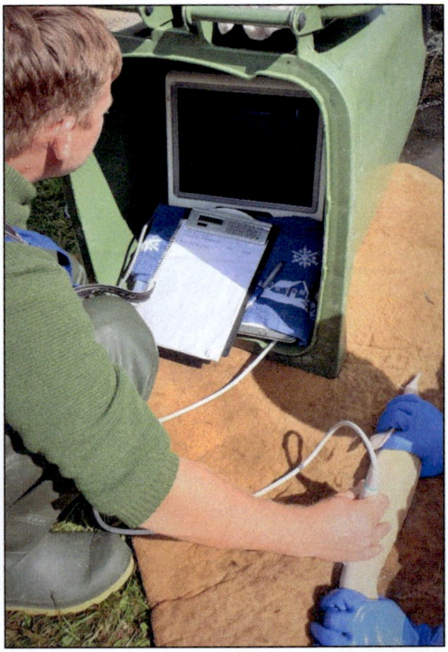

Sonographie im Freien unter Karton (links) und Container (rechts). (Fotos: P. Steinbach)

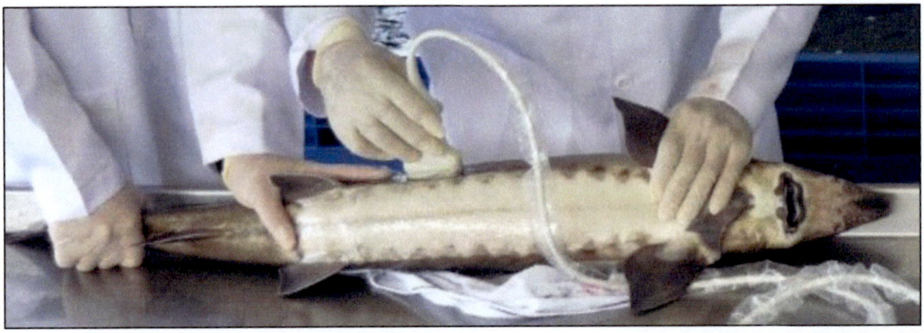

Korrekte Haltung des Schallkopfs in Längsrichtung. (Foto: P. Steinbach)

Sonographie mit Ultraschall ist die Methode, mit der auch größere Bestände einigermaßen schnell nach Geschlecht getrennt werden können. Je nach Anlieferung der zu schallenden und Abtransport der geschallten Tiere, der in die drei Gruppen männlich, weiblich, zum gegenwärtigen Zeitpunkt nicht bestimmbar eingeteilten Tiere, sind 1.000-2.000 Tiere pro Arbeitstag ohne große Mühe zu untersuchen. Um das Geschlecht sicher zu bestimmen und den Anteil der nicht bestimmbaren Tiere niedrig zu halten, sollten die zu untersuchenden Tiere groß bzw. alt genug sein. Im Fall von Sibirischem Stör, Russischem Stör und deren Hybriden sowie Adriastör und Amurstör sollten die Tiere mindestens 3-4 kg wiegen und 3-4 Jahre alt sein. Ist der Platz beschränkt und können die selektierten Männchen auch mit geringeren Gewichten gut verkauft werden, können die Tiere auch schon eher mit 2-3 kg und einem Alter von 2-3 Jahren geschallt werden. In diesem Fall nimmt der Anteil an der zum gegebenen Zeitpunkt nicht bestimmbaren Tiere jedoch zu.

Eine Ultraschalluntersuchung erfolgt in einem von Menschen nicht hörbaren Bereich von 2-12 Megahertz (MHz). Die vom Ultraschallgerät erzeugten Schallwellen werden über einen linearen oder konvexen Transducer (Schallkopf) in den Fisch geleitet, in welchem die Wellen je nach Gewebeart (Knochen, Knorpel, Fett, Ovarien, Hoden, usw.) unterschiedlich reflektiert werden. Die unterschiedlichen Reflektionen werden in dem zum Gerät gehörenden Computer verarbeitet, welcher dann auf dem zugehörenden Bildschirm ein Bild in verschiedenen Grautönen erzeugt. Dieses Bild ist für Ungeübte schwierig zu interpretieren, aber nach einiger Zeit ist eine schnelle Beurteilung dessen, was man sieht, gut möglich. Jedes Gerät erfordert eine gewisse Einarbeitungszeit, welche davon abhängt, wie groß die vorherige Erfahrung mit anderen Geräten war. Ich ziehe lineare Schallköpfe vor, da ich mit den von ihnen erzeugten Bildern am besten zurechtkomme und daher die meiste Erfahrung habe. Typ, Größe und Frequenz sind die wichtigsten bestimmenden Merkmale eines Schallkopfes. Des Weiteren sollte ein Bildschirm vorhanden sein, der ein klares Bild liefert. Um auf dem Bildschirm etwas erkennen zu können, ist es nötig, wenn man sich nicht in einem Gebäude befindet, das Gerät im Schatten oder einer wie auch immer gearteten sonstigen „Umhausung“ zu platzieren. Diese kann aus einem zeltähnlichen Gebilde, einem umgelegten Müllcontainer, einem großen Pappkarton oder Sonnenschirm bestehen. Da in der Regel dort mit Fischen gearbeitet wird, wo Wasser ist und sich an Teichen auch schon mal kein Stromanschluss befindet, ist es vorteilhaft ein Gerät zu wählen, das robust ist und einen Akku besitzt. Wenn möglich sollte man derartige Geräte vor dem Kauf immer prüfen und einer Einweisung des Verkäufers aufmerksam zu zuhören. Um Sicherheit im Umgang mit neuen Geräten zu erwerben, ist es hilfreich, mit Tieren deren Geschlecht bekannt ist, zu üben.

Im Fall von kleinen Tieren, wie z. B. Sterlet, ist ein Schallkopf von etwa 10 MHz sehr gut brauchbar, da die nicht so tief in den Körper eindringenden Schallwellen ein genaues Bild ermöglichen. Für größere Tiere, deren Bestimmung ein tieferes Eindringen der Schallwellen erfordert, ist ein Schallkopf mit etwa 7,5 MHz anzuraten. Sehr große Fische (>40 kg) erfordern Schallköpfe mit größerer Eindringtiefe wie etwa 3,5 MHz. Ein konvexer Schallkopf ist in solchen Fällen ebenfalls hilfreich, da er zwar ein schlechteres Bild liefert, aber seine Schallwellen konstruktionsbedingt deutlich tiefer in das Gewebe eindringen.

Der Schallkopf kann in zwei Haltungen genutzt werden. Zum einen im rechten Winkel zum auf der Seite liegenden Fisch, wodurch ein Bild entsteht, als schneide man den Fisch an dieser Stelle in zwei Hälften. Das dabei entstehende Bild gibt dann eben nur diesen Ausschnitt wieder, der schwer zu interpretieren ist. Die zweite Möglichkeit besteht darin, den Schallkopf in Längsrichtung von hinten nach vorne auf der Seite des Fisches entlang zu schieben, und dabei den Winkel des Schallkopfes ein wenig in beide Richtungen der Längsachse zu ändern. Diese Änderung des Winkels ist nötig, da sich die Gonaden nie bei jedem einzelnen Fisch an derselben Stelle befinden. Das bei dieser Methode zu erreichende Bild zeigt die Gonaden in ihrem Verlauf. In der Regel ist es egal, auf welcher seiner Seiten der Fisch bei der Untersuchung liegt, da die Gonaden paarig angeordnet sind. Es gibt aber auch immer mal Tiere mit unpaarigen oder einseitig sehr kurzen Gonaden. Diese Tiere werden dann beidseitig untersucht.

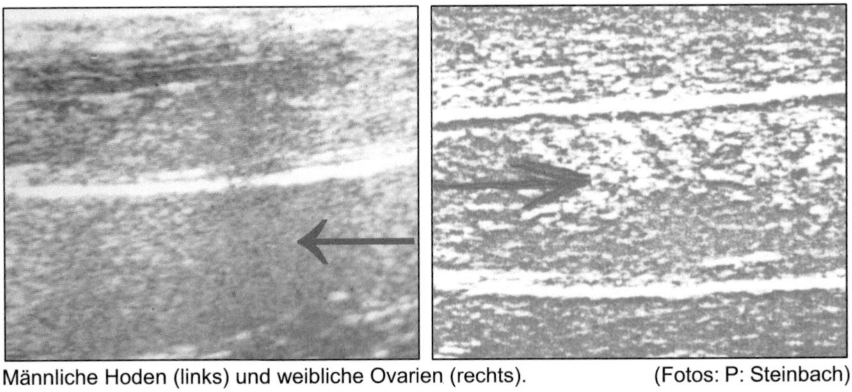

Männliche Hoden (links) und weibliche Ovarien (rechts). (Fotos: P: Steinbach)

Im oben linken Ultraschallbild ist ein fast reifes Männchen (Waxdick) zu sehen, erkennbar an dem durchgehend gleichmäßigen Gewebe unterhalb der weißen Linie, die den Übergang von Muskel und Hoden bildet. Je unreifer oder weniger entwickelt das Tier ist, desto schmaler wird diese gleichmäßige Gewebeschicht (Hoden). Je kleiner die durch die weißen Linien (oben und unten) begrenzten Hodenschichten, desto schwieriger die Bestimmung des Geschlechts, zumal bei derartigen Tieren häufig noch Fettschichten die Erkennung erschweren. Hoden, ebenso wie Ovarien, bilden nicht immer eine gleichmäßig dünne oder dicke durchgehende Schicht. Bei unreifen Tieren können sie sich mal stärker und mal weniger stark ausgebildet durch den Bauchraum winden. Zur Geschlechtsbestimmung müssen sie dann erst mal gefunden werden.

Im oben rechten Ultraschallbild lassen sich Ovarien eines unreifen Weibchens (Sibirischer Stör) eingebettet in Fettgewebe erkennen. Sie befinden sich auf Höhe des Pfeils unterhalb der weißen Linie, welche die Grenze zwischen Muskel und Bauchhöhle bildet, in welcher sich Ovarien und Fett befinden. Die abgebildeten Ovarien (wolkige Strukturen) befinden sich im Stadium II und benötigen je nach Haltungsbedingungen noch 2-4 Jahre bis zur Kaviarreife.

In den ersten Lebensjahren schadet es nicht, wenn die Tiere noch ein wenig Fett besitzen. Spätestens im Stadium der grauen Eier sollte das Fett vollständig in Eimasse umgewandelt oder im Stoffwechsel verbraucht worden sein. Reife Fische mit Fett im Ovar erschweren die Kaviarverarbeitung. Werden derartige Fische zur Vermehrung gestreift, ist mit nicht unerheblichen Verlusten zu rechnen. Der Grund liegt darin, dass bei diesen Tieren, durch das zur Befreiung der Eier aus der Fettschicht nötige stärkere Streifen, Zerreißungen im Ovarialgewebe auftreten, deren Abheilung durch das vorhandene Fett erschwert wird.

Ultraschall ist eine schnelle, vom Alter, der individuellen Entwicklungsstufe der untersuchten Tiere und Erfahrung der die Untersuchung durchführenden Person abhängende, sichere Methode. Eine Schädigung der Tiere ist, bis auf das nötige Handling, ausgeschlossen.

3.2. Invasive Methoden

Die am häufigsten angewandte invasive Methode ist die Biopsie, bei welcher mit Hilfe einer Biopsienadel eine Gonadenprobe entnommen wird. Die Entnahme erfolgt im hinteren Bereich der Tiere, vor den Bauchflossen. Um eine sichere Geschlechts- oder Reifebestimmung zu ermöglichen, gilt es bei jungen unreifen Tieren, den Hodenstrang oder den Ovarialstrang mit der Nadel zu treffen. Die entnommene Probe wird, sofern keine Eier oder kein Hodengewebe direkt zu sehen sind, unter einem Binokular oder Mikroskop mit 10-facher Vergrößerung untersucht. Leider befinden sich die Gonaden beider Geschlechter nicht immer an derselben Stelle/Position, sondern winden sich, wie schon gesagt, durch den Bauchraum. Je jünger oder unentwickelter ein Tier ist, desto schmaler ist der für eine Geschlechtsbestimmung zu treffende Bereich und desto höher ist die Wahrscheinlichkeit kein aussagekräftiges Gewebe zu treffen. Derartige, zum Zeitpunkt der Probenahme nicht bestimmbare Tiere, sind nach 6-12 Monaten erneut zu prüfen.

Um eine mögliche Verletzung des Darmes zu verhindern, kann zunächst mit einem kleinen Skalpell ein Einstich oder Einschnitt gemacht werden, der nur die Haut- und Muskelschicht durchtrennt. Danach wird mit einer stumpfen (runden) Biopsienadel die Eiprobe entnommen, so dass keine Gefahr einer Darmverletzung besteht. Bei vollreifen weiblichen Tieren ist die Gefahr einer Darmverletzung gering, da mit der Nadel nur Ovarien erreicht werden. Bei Tieren mit dickerer oder stärkerer Haut sind Nadeln mit dreieckig geschliffener Spitze besser geeignet um die ledrige Haut zu durchstoßen. Wird ausschließlich mit scharfer (dreieckiger) Biopsienadel gearbeitet, ohne dass mit einem Skalpell ein Einschnitt gemacht wird, ist ein Nähen der Tiere nicht nötig. Eine Desinfektion der Einstichstelle ist ausreichend. Erfolgt ein Einschnitt mit einem Skalpell, kann je nach Größe der entstandenen Öffnung, ein Vernähen der Wunde zusätzlich zur Desinfektion nötig werden.

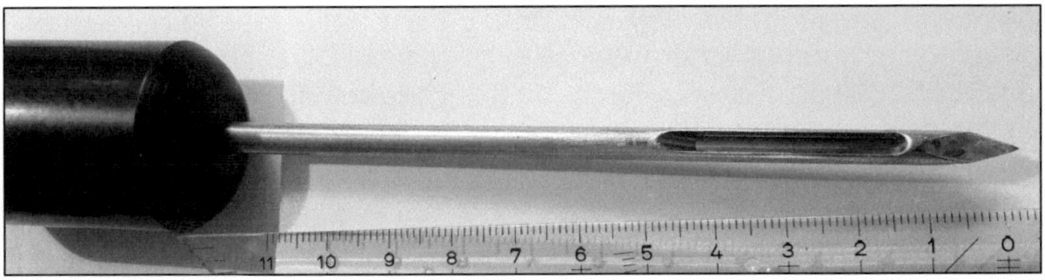

Biopsienadel mit scharfer/dreieckiger Spitze. (Foto: P. Steinbach)

Gegen Ende der Eireife ist eine durch Biopsie gewonnene Eiprobe immer unumgänglich, egal ob zur konventionellen Kaviargewinnung (Konsistenz, Geschmack), Kaviargewinnung durch Ovulation oder Vermehrung (Position des Zellkerns). Im ersten Fall gilt es Anzeichen von Überreife und Geschmacksbeeinträchtigungen zu prüfen und auszuschließen, in den beiden übrigen Fällen gilt es die Position des Zellkerns zu bestimmen, um die Ovulation einleiten zu können.

Im zweiten Bild unten ist recht gut bei einer Reihe von Eiern das sogenannte „Bullseye“ zu erkennen, welches durch helle und dunkle Ringe gebildet wird, die um den animalen Pol verlaufen, an welchem sich die Mikrophylen (Zugang der Spermien für die Befruchtung) befinden. Neben den Eiern der diesjährigen Reife befindet sich noch die nächste Eigeneration, als kleine weiße Punkte zu erkennen, in der Biopsienadel.

Biopsienadel mit unreifen grauen und sehr kleinen weißen Störeiern. (Foto: E. Fritschi)

Biopsienadel mit reifen Hauseneiern. (Foto: E. Fritschi)

Biopsie (links) und Endoskopie (rechts). (Fotos: P. Steinbach)

Nach *Hochleithner* (*2012*) lassen sich die Gonaden beider Geschlechter in bis zu sieben Reifestadien einteilen (siehe folgende Tabelle).

Stadium	Zeit	Milchner (♂)	GSI	Rogner (♀)
0 Unreif	Ganzes Jahr	Undifferenziertes Gewebe, keine Unterschiede.	0,0-0,1 %	Undifferenziertes Gewebe, keine Unterschiede.
I Vorreif	Ganzes Jahr	Hoden gelbgrau, bestehend aus Fett- und Keimgewebe mit sich teilenden Spermatogonien in losen Zysten.	0,1-0,2 %	Ovarien gelblich-weiß, bestehend aus Fettzellen mit Ogonien und Primäroozyten unter 0,1 mm Ø.
II Prä Vitellogenese	Ganzes Jahr	Keimanteil der Hoden auf 1/3 vergrößert, bestehend aus Zysten mit Primärspermatozyten, gräulich in gelbweißem Fett eingebettet.	0,2-4,0 %	Mindestens 50 % der Ovarien bestehen aus wachsenden Oozyten 0,1-0,5 mm Ø, gelbrosa, in gelbweißem Fett eingebettet.
III Frühe Vitellogenese	Juni-September	Hoden weißgrau, die Hälfte ist Fett. Struktur: Ampullen.	1,0-5,0 %	Oozyten 0,5-1,0 mm Ø, beigegrau mit gelbem Fett. Struktur: Kammern.
IV Späte Vitellogenese	September-April	Hoden groß, 1/3 sind Fettzellen, Spermien noch nicht lose.	2,0-10,0 %	Oozyten 1-2 mm Ø, grüngrau, wenig bis keine Fettzellen.
V Vollreif	April-Juni	Hoden groß und weiß gefärbt, kein Fettgewebe, alle Zysten und Kanäle mit Spermatozoen gefüllt. Spermien reif und lose.	♂ 2,0-10,0 % ♀ 10,0-40,0 %	2 Oozytenstränge vorhanden, einer in Stadium II, die anderen bestehend aus graubraunen bis schwarzen Eiern mit 2-4 mm Ø. Zellkern wandert zum Animal-Pol.
VI Überreif	Juni-September	Hoden matt, hellrosa, Spermien frei in der Leibeshöhle, Blutklümpchen in Leibeshöhle.	10,0-60,0 %	Eier matt, leicht rosa, frei in der Leibeshöhle, einige Eier absorbiert, Blutklümpchen in Leibeshöhle.
VII Abgelaicht	Mai-Juli	Hoden weiß bis rosa mit wenig oder ohne Fett, deutliche in der Größe reduzierte Hodenfalten.	1,0-10,0 %	Ovarien rosa bis schwarz mit wenig oder ohne Fett, einige resorbierte Eier.

Anmerkungen: GSI = Gonadosomatischer Index (Verhältnis von Gonadenmasse zur Körpermasse); Die Zeit gilt bei der Haltung unter natürlichen Temperaturverhältnissen (unter Warmwasserbedingungen können die einzelnen Stadien zu jeder Jahreszeit auftreten).

Die einzelnen Individuen in einem Bestand reifen allerdings nicht alle zur gleichen Zeit bzw. im selben Alter. Je nach Ernährungszustand (Energiereserven) und Temperaturverhältnissen (Tagesgrade, Winterung) reifen einige früher und andere später. Der Anteil der Fische mit weißen (<0,7 mm Ø), gelben (0,7-2,0 mm Ø), grauen (2,0-2,6 mm Ø), schwarzen (>2,6 mm Ø) und überreifen Eiern, bei Sibirischen Stören im Alter von 4,5 Jahren, die in einer Kreislaufanlage bei Wassertemperaturen von 16-24 °C gehalten wurden, ist folgender Grafik zu entnehmen (*Steinbach, 2005*).

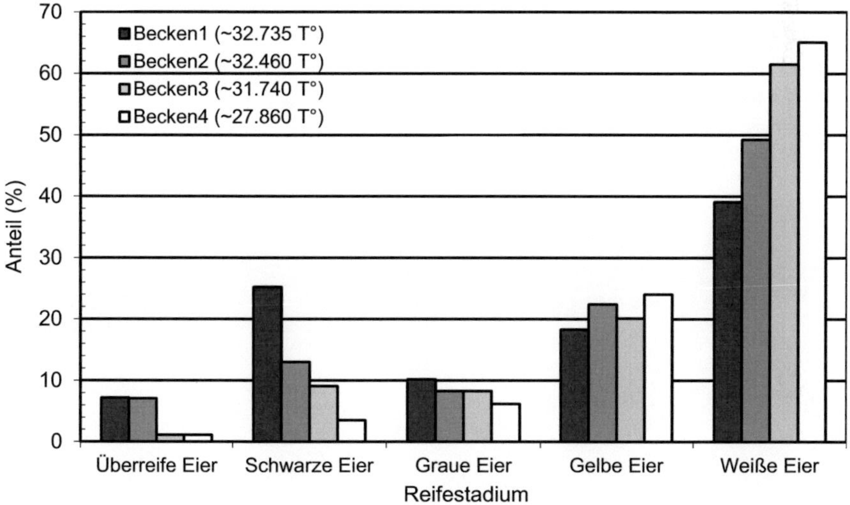

Die Fische mit weißen Eiern wurden ein Jahr später nochmals überprüft, wobei sich folgender Anteil ergab: Überreife Eier 10,6 %, schwarze Eier 22,2 %, graue Eier 15,2 %, gelbe Eier 21,7, weiße Eier 30,3 %. Die Fische, die dann immer noch kleine weißen Eier hatten, betrugen nach 5,5 Jahren (~38.500 T° = Tagesgrade) 11,8 % des Ausgangsbestandes.

Eine weitere invasive Methode ist die Endoskopie. Ein Endoskop besteht aus einem starren Metallrohr oder flexiblen Gummischlauch worin sich Kamera, Lichtquelle und Linsen zur Feineinstellung des Sichtfeldes befinden. Ein weiterer Anschluss kann dazu dienen, das Sichtfeld der Kameralinse mit physiologischer Kochsalzlösung zu spülen, um Blut oder Fettschlieren von der Linse zu entfernen. Das Gerät wird an einen PC bzw. Bildschirm angeschlossen. Um das Endoskop einführen zu können wird seitlich, an der ungefähr zu erwartender Position der Gonaden, ein Einschnitt gemacht. Durch Hin- und Herschieben der Endoskopspitze in unterschiedlichen Winkeln wird nach den Gonaden gesucht.

Die Hoden der Männchen (Milchner) sind weiß und glatt, die Ovarien der Weibchen (Rogner) leicht rosa und rau. Nach erfolgter Untersuchung wird der Einschnitt mit einem Stich vernäht und desinfiziert. Eine weitere Möglichkeit der Geschlechtsbestimmung besteht darin, den Schnitt etwas länger zu machen und mit dem desinfizierten Zeigefinger die Oberflächen der Gonaden abzutasten oder mit einem Otoskop zu betrachten. Dieser Einschnitt wird nach der Desinfektion mit mindestens zwei Stichen vernäht. Je größer die zur Geschlechtsbestimmung oder Eigewinnung nötigen Schnitte, desto höher die Gefahr von Infektionen und Verlusten. Je nach angewendeter Methode ist mit 5-10 % Verlusten anschließend an die Untersuchung zu rechen. Welche Methode auch immer zur Geschlechtsbestimmung angewendet wird, in keinem Fall soll sie mit gefütterten Fischen durchgeführt werden. Eine Woche ohne Futter vor der Untersuchung und mindestens zwei Tage danach können eine mögliche Mortalität erheblich reduzieren oder sogar ganz ausschließen.

Ovarien eines überfütterten/verfetteten Störs mit wenig schwarzen Eiern. (Foto: J. Michaels)

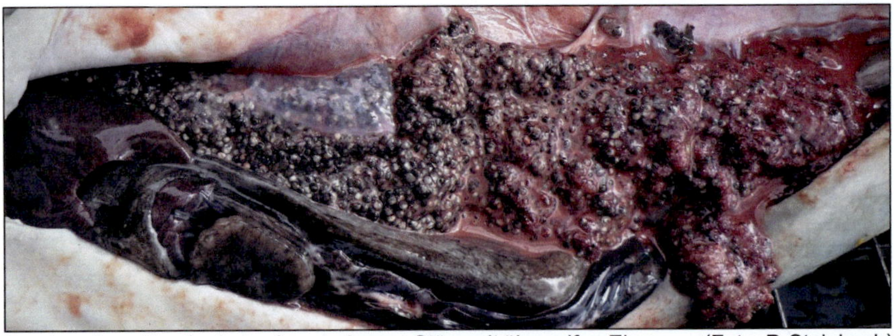

Ovarien eines überforderten/verstorbenen Störs mit überreifen Eiern. (Foto: P. Steinbach)

Literatur:
Bruch et al., 2001; Chebanov & Galich, 2009; Conte et al., 1988; Hochleithner, 2012; Steinbach, 2005;

4. VERMEHRUNG

Für eine erfolgreiche Vermehrung gilt es geeignete Tiere zu finden, deren Nachkommen in der Lage sind ohne große Ausfälle, möglichst schnell, viel Kaviar zu erzeugen. Geeignet bedeutet: schnellwüchsig, frühreif, reichlicher Kaviaransatz und unter den Bedingungen der Aquakultur leicht zu handhabende Tiere mit hoher Vitalität und geringer Mortalität. Diese Aussagen beziehen sich bis auf den Kaviaransatz auf beide Geschlechter. Die Selektion der zukünftigen Elterntiere sollte, falls möglich, aus Beständen erfolgen, deren Brauchbarkeit bereits bewiesen wurde. Ist dies nicht möglich, selektiert man geeignet erscheinende Tiere aus dem, was man an möglichen Kandidaten im Bestand zu finden ist.

Sind derartige Tiere, möglichst mindestens ein bis zwei Jahre vor der geplanten Vermehrung, in ausreichender Qualität und Quantität gefunden, werden diese mit Mikrochip, Flossenmarke oder besser mit beidem gekennzeichnet und separat unter möglichst optimalen Bedingungen weiter aufgezogen. Werden Ohrmarken für Schafe, Rinder oder Schweine zur Markierung der Flossen eingesetzt, ist es angebracht, in die betreffende Flosse – vorzugsweise wegen besserer Lesbarkeit von außen in die Brustflosse – vor dem Einsetzen der Marke mit einer Lochzange ein Loch zu stanzen, in welches die Marke eingesetzt wird, wobei mindestens ein Flossenstrahl erfasst werden sollte. Unterbleibt dieses kann, die Marke, da sie nur von der recht dünnen Haut zwischen den Flossenstrahlen gehalten wird, sehr leicht ausreißen.

Von jedem ausgewählten Tier werden mit dem zugehörenden Datum alle relevanten Daten erfasst, als da sind: Herkunft, Alter, Länge, Gewicht, Entwicklungsstadium der Gonaden, Besatzdichte, Futtermenge und Futterqualität, Wasserqualität oder im Zusammenhang damit aufgetretene Besonderheiten (z. B. Temperatur-, Ammonium-, Nitrit-, oder Nitratpeaks), Datum der letzten Prüfung auf Eignung und deren Ergebnisse. Aus der Gruppe der selektierten Tiere werden ständig die Besten zur Vermehrung separiert. Halb- oder Vollgeschwister sollten zur Vermeidung von Inzuchtdepression nicht miteinander verpaart werden. Das Ergebnis jeder Vermehrung (Nummer der Elterntiere, Eimenge und -qualität, Spermamenge und -qualität, Befruchtungsrate sowie welches Weibchen das Sperma welcher Männchen erhalten hat) wird dokumentiert. Sowohl die Entwicklung der Brütlinge und Setzlinge, als auch der erwachsenen Fische wird verfolgt, so dass auf Dauer eine Art Zuchtbuch entsteht, welches ermöglicht, nur die für unsere Zwecke optimalen Tiere zu finden und zu verpaaren.

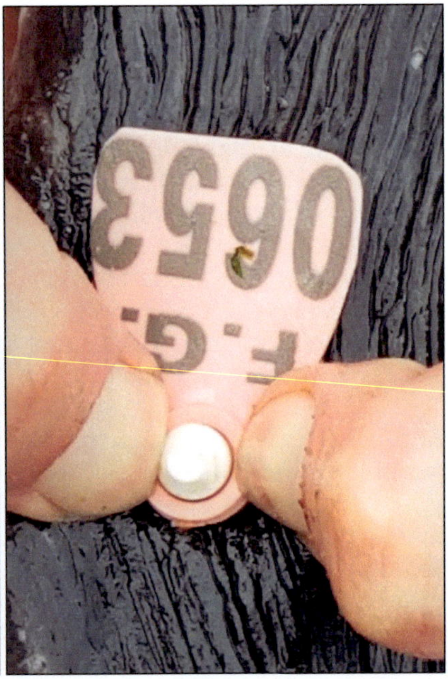

Lochzange zum Stanzen (links) und eingesetzte Flossenmarke (rechts). (Fotos: E. Fritschi)

Reagenzgläser mit Eiproben auf einer Herdplatte. (Foto: P. Steinbach)

Um festzustellen, ob sich die Tiere, sobald sie alt genug sind, für eine geplante Vermehrung oder die Erzeugung von ovuliertem Kaviar eignen, werden sie in Abstand von 3-6 Monaten bezüglich der Eientwicklung (Weibchen) und Hodenreife (Männchen) überprüft (z. B. mit Ultraschall). Sind brauchbare Kandidaten gefunden, erfolgt bei den Weibchen eine Biopsie, um einige Eier zu entnehmen und die Position des Zellkerns zu bestimmen. Die Position gibt Auskunft darüber, ob das entsprechende Tier bald geeignet ist, bereits überreif wurde, oder noch einige Zeit benötigt, das zur erfolgreichen Vermehrung nötige Stadium der Endreife zu erreichen.

Die durch Biopsie gewonnenen Eier (ca. 10 Stück) müssen zur Bestimmung der Position des Zellkerns gehärtet werden. Unbehandelten Eier sind weich und undurchsichtig. Um sie zu härten werden sie gekocht und anschließend mittig in Längsrichtung mit einem Skalpell oder einer Rasierklinge in zwei Hälften geteilt. Zum Schneiden kann ein Ei fest, aber vorsichtig zwischen zwei Fingern oder den Schenkeln einer Pinzette gehalten werden. Als Unterlage für das zu schneidende Ei kann ein Schneidebrett aus Holz oder Kunststoff benutzt werden. Verwendung von gläsernen Objektträgern ist ebenfalls möglich, allerdings werden Rasierklinge oder Skalpell dabei eher stumpf.

Die Eier werden nach meiner Erfahrung mindestens 10-15 Minuten im Wasserbad gekocht, obwohl in der Literatur immer wieder die Rede von 2-5 Minuten ist. Derartig kurz gekochte Eier sind sehr häufig noch weich, so dass es sehr schwierig ist, sie so zu schneiden, das die Schnittführung den Zellkern teilt und nicht verschiebt und so eine Beurteilung seiner Position unmöglich wird. Häufig können solche Eier nicht erfolgreich geschnitten werden, da sich die noch weichen Eier beim Schneiden nicht vernünftig halten lassen, ohne beim Scheiden zu verschmieren.

Steht kein Labor zum Kochen der Eier zur Verfügung, kann das Ganze auch mit markierten Reagenzgläsern in einem mit Wasser gefüllten Becherglas oder Kochtopf, auf einer simplen Herd-Kochplatte durchgeführt werden. Im Notfall tut es auch ein Grill-Toaster, auf den die Reagenzgläser im Wasserbad mit den Eiern gestellt werden.

Eine weitere Methode des Härtens besteht darin, die Eier über Nacht in einer Flüssigkeit aufzubewahren, die aus 60 % Alkohol, 30 % Eisessig und 10 % Formalin (37 %ig) besteht. Am nächsten Morgen wird die Flüssigkeit abgegossen und die Eier werden mit Wasser gespült, wobei Schutzhandschuhe zu tragen sind (Essigsäure, Formalin) und auf ausreichende Lüftung (Abzugshaube) wegen der Ausdünstungen des Formalins und der Essigsäure zu achten ist. Derartig behandelte Eier sind dank des Formalins mehrere Tage haltbar, so dass auch größere Mengen Eier im Verlauf mehrerer Tage gesammelt und erst später, ohne Eile und Angst vor Verderb, kontrolliert werden können. Eine derartige Untersuchung/Prüfung viele Tiere setzt voraus, dass diese markiert sind. Die Markennummer der einzelnen Tiere wird notiert und einem nummerierten Reagenzglas mit den Eiern des betreffenden Tieres zugeordnet, dessen Nummer ebenfalls notiert wird. Steht die Position der Zellkerne der betreffenden Ei-Proben fest, kann sie dank der beiden Nummern in der vorliegenden Liste erfasst werden, aus welcher dann die geeigneten Tiere selektiert werden können. Diese Liste enthält das Datum der Probennahme, die Markennummer des Tieres, die Nummer des Reagenzglases, das Gewicht des Tieres, die Position des Zellkerns sowie Besonderheiten, wie etwa Flossenschäden, Wirbelsäulenkrümmung, Farbabnormitäten oder ob der Fisch mager oder fett ist.

Der Zellkern wandert mit fortschreitender Reife vom Eimittelpunkt zum animalen Pol. Hat man keine genaueren Messinstrumente zur Hand um den Polarisations-Index (PI) zu bestimmen, kann der Zeitpunkt einer Erfolg versprechenden Hypophysierung bzw. Hormoninjektion auch folgendermaßen abgeschätzt werden: Hat der Zellkern mehr als 2/3 seines Weges zum animalen Pol zurückgelegt und hat diesen noch nicht erreicht, ist eine Hormongabe zur Vermehrung möglich, vorausgesetzt das Tier hat eine mindestens 1-monatige, besser 2-monatige Zeit in deutlich kälterem Wasser, als bei der bisherigen Haltung hinter sich (siehe Winterung). Diese Zeit bei mindesten 5 °C, besser aber 10 °C unterhalb der Normaltemperatur ist nötig, die Eier zur Endreife zu bringen.

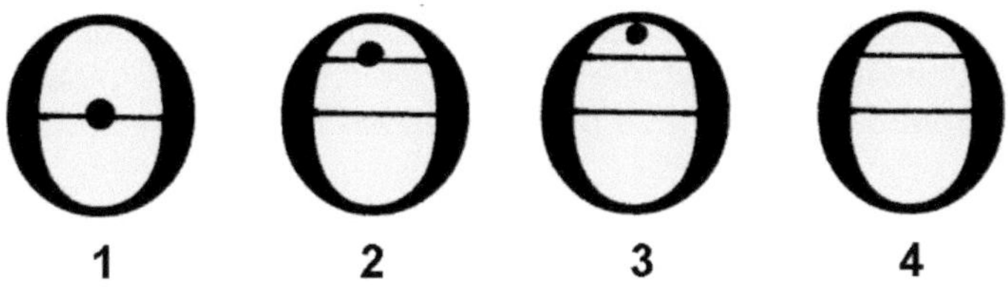

Anmerkungen: (1) Zellkern an Position 1 = Ei ist unreif; (2) Zellkern an Position 2 = Hypophysierung kann nach 2-3 Tagen bei Vermehrungstemperatur erfolgen; (3) Zellkern an Position 3 = Ei zur sofortigen Hypophysierung bereit; (4) Zellkern aufgelöst = Ei ist überreif.

Um den Zeitpunkt einer Hormonverabreichung genauer zu bestimmen, kann man sich des sogenannten Polarisations-Indexes (PI) bedienen. Zu seiner Ermittlung wird die Distanz des Zellkerns zum animalen Pol gemessen = A. Das Ergebnis wird durch das Ergebnis der Messung des Eidurchmessers dividiert = B, also A:B. Ist das Ergebnis (PI) kleiner als 0,05 ist das Tier überreif und kann, je nach Spezies, zur erneuten Eibildung im nächsten Jahr oder den nächsten Jahren zurück in die normale Haltung gebracht werden. Die überreifen Eiere werden im Laufe der nächsten Wochen und Monate resorbiert. Liegt der PI zwischen 0,05 und 0,12, ist das Ei reif und die Hormoninjektion kann innerhalb der nächsten Tage erfolgen. Ein PI von 0,12-0,15 erfordert eine weitere Haltung der Tiere für 1-2 Wochen bei Laichtemperaturen, bevor eine Hormoninjektion sinnvoll ist. Ein PI von 0,15-0,18 erfordert eine 3-4 wöchige Haltung bei Laichtemperaturen vor einer Hormoninjektion. Bei einem PI von über 0,18 ist eine erneute Kontrolle des Tieres nach 2-3 Monaten zu empfehlen (*Chebanov & Galich, 2013)*, es sei denn das Tier wird für die Kaviarproduktion geschlachtet.

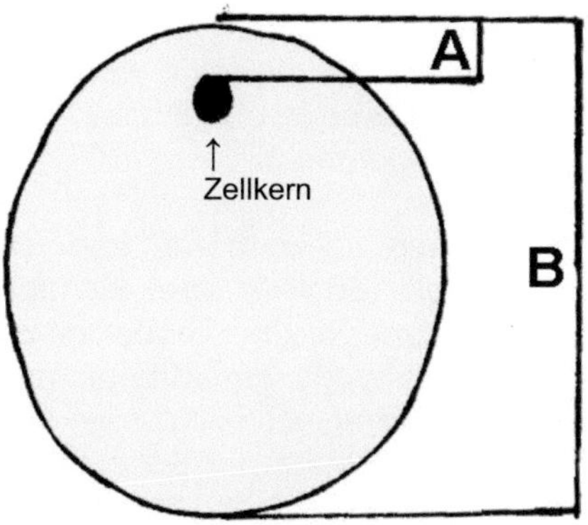

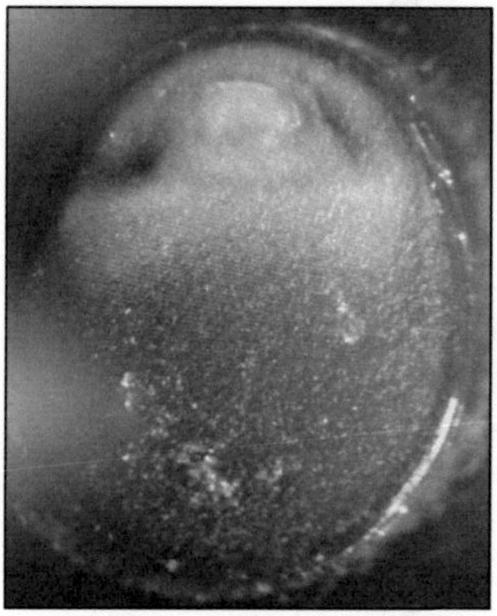

Bestimmung des Polarisationsindex (PI). (Foto: E. Fritschi)

Sind die geeigneten Tiere (männlich und weiblich) selektiert und gewogen, und sind die Tiere eine ausreichende Anzahl von Wochen oder sogar Monaten bei Winterungstemperatur gehalten worden, was Voraussetzung für eine erfolgreiche Vermehrung ist, werden sie langsam auf die für die jeweilige Spezies passende Vermehrungstemperatur erwärmt. Ist bis hierher alles zur Zufriedenheit abgelaufen, kann die zur Sperma- und Eiabgabe nötige Hypophysierung erfolgen.

4.1. Hypophysierung

Vor dem Einleiten einer Sperma- oder Eierabgabe durch Verabreichung synthetischer Hormonanaloge oder Hypophysenaufschwemmungen, muss die korrekte Funktion aller Erbrütungsanlagenteile geprüft werden. Es macht wenig Sinn hervorragend befruchtete Eier zu erzeugen, die dann nicht erbrütet werden können, da irgendeine Pumpe, Leitung, Einrichtung oder sonstiger Anlagenteil nicht funktionieren oder nicht genügend Schüsseln, Tücher und andere benötigte Utensilien verfügbar sind.

Die zur Hypophysierung oder Hormonbehandlung separierten Tiere werden gewogen und, falls sie noch nicht gekennzeichnet sind, markiert. Die Kennzeichnung oder Markierung einer Brustflosse mit verschiedenfarbigen nummerierten Marken ermöglicht es, Tiere zu erkennen, ohne sie zur Hypophysierung aus dem Becken heben zu müssen. Die zur Vermehrung ausgewählten Tiere können einzeln in separate Becken gesetzt werden, aber nach meiner Erfahrung ist die Haltung mehrerer Tiere in einem Becken, das selbstverständlich groß genug und leicht zugänglich sein sollte, besser und erfolgsversprechender. Gibt bei der Gruppenhaltung ein Weibchen Eier ins Wasser ab, gelangen zusammen mit den Eiern Ovarialflüssigkeit und Pheromone ins Wasser, so dass die verbleibenden Tiere häufig ebenfalls ovulieren. In Becken hingegen, in denen keine Eiabgabe zu beobachten ist, tut sich häufig auch weiterhin nichts, selbst bei Kreislaufführung aller Becken. Diese Beobachtung habe ich nur bei Weibchen, nicht aber bei Männchen gemacht.

Zur Indizierung der Ovulation sind getrocknete, zerriebene, und mit Kochsalzlösung aufgeschwemmte Hypophysen von Stör oder Karpfen brauchbar, wenn die Eier ausschließlich der Vermehrung dienen. Ist es erwünscht die gewonnenen Eier zur Herstellung von Kaviar aus ovulierten Eiern zu verwenden, ist der Einsatz von GnRH-Analogen wie Receptal, mit Buserelin als Wirkstoff, vor dem Einsatz auf behördliche Zulassung zu prüfen. GnRH (Gonadotropin Releasing Hormon) regt die Hypophyse zur Ausschüttung von FSH (Follikelstimulierendes Hormon) und LH (Lutenisierendes Hormon) an.

Die Dosierung der zum Einsatz kommenden Hormonmengen richtet sich nach Spezies, Gewicht, Geschlecht, Temperatur und Polarisations-Index. Es ist möglich sowohl Karpfen- als auch Störhypophysen zu verwenden, wobei Karpfenhypophysen höher dosiert werden müssen. Männchen erhalten einmalig etwa die halbe Dosierung wie Weibchen. Ein Priming ist bei ihnen nicht nötig. Bei Weibchen hat es sich bewährt die Hypophysierung in zwei Schritten vorzunehmen. Im ersten, der Vordosis (Priming) werden je nach Polarisationsindex 10-30 % der Gesamtdosis gespritzt, die Hauptdosis (Resolving) erfolgt dann in Abhängigkeit von Spezies und Haltungstemperatur nach 6-18 Stunden. Befindet man sich in der normalen Laichzeit von Stören, die unter den der Jahreszeit entsprechenden Temperaturbedingungen gehalten wurden, kann auf das Priming verzichtet werden. Unter Umständen kann es sonst zu sehr früher Eiabgabe führen, da bereits das Priming die Ovulation auslöste.

Weiterhin ist bei der Hypophysierung zu beachten, dass dünne oder kleine/leichte Fische geringere Mengen an Hormon benötigen, und dass eine Überdosierung von Hypophysen zu Mortalität frisch geschlüpfter 1-

5 Tage alter Larven führen kann. Eine Überdosis von GnRH ist nach *Chebanov & Galich (2013)* aber nicht gefährlich.

Über die passende Dosierung von Hypophysen oder Hormonen existieren in der Literatur eine Menge unterschiedlicher Angaben. Recht in Einzelheiten gehende Vorgaben bezüglich Verhältnis von Polarisations-Index zu Hormonmengen und den Zeiten, bei welchen Haltungstemperaturen, mit welchen Dosierungen, für welche Spezies zu arbeiten ist, finden sich bei *Chebanov & Galich (2013).* Nach eigenen Erfahrungen mit einer Vielzahl von Tieren bei der Vermehrung und Eierzeugung zur Kaviarproduktion (ovulierte Eier) lassen sich mit folgenden Dosierungen pro Kilogramm Lebendgewicht recht gute Ergebnisse erreichen.

Störhypophysen:	Männchen 1-3 mg/kg;	Weibchen 2-5 mg/kg;
Karpfenhypophysen:	Männchen 2-4 mg/kg;	Weibchen 5-9 mg/kg;
Receptal (GnRHa):	Männchen 0,5 µg/kg;	Weibchen 1-5 µ/kg;

Bei Vermehrungen von saisonalen Fischen aus Teichen außerhalb der normalen Saison, habe ich mit Hypophysen, egal ob von Stör oder Karpfen, bessere Ergebnisse erhalten als mit GnRH. Werden Störhypophysen eingesetzt, sollte man wissen, dass diese die Eigenart besitzen, sich deutlich schlechter im Mörser zerreiben zu lassen, als solche von Karpfen.

Ist die benötigte Hypophysenmenge errechnet, was durchaus für alle Tiere die zur Sperma- und Eiabgabe gebracht werden sollen, zusammen erfolgen kann, werden die benötigten Hypophysen abgewogen, oder wenn deren Durchschnittsgewicht bekannt ist, abgezählt. Störhypophysen haben getrocknet ein Stückgewicht von etwa 7-8 mg, Karpfenhypophysen etwa 2-3 mg. Steht keine Feinwaage zur Verfügung, kann der Bedarf an Hypophysen auch unter Verwendung der obigen Durchschnittsgewichte einfach berechnet und ausgezählt werden.

Die jeweils für Vor- und Hauptdosis, egal ob durch Wiegen oder Zählen ermittelte Menge an Hypophysen, wird trocken in einem Mörser fein zerrieben, was bei Karpfenhypophysen deutlich leichter geht, als bei Störhypophysen. Dieser „Staub“ wird mit physiologischer Kochsalzlösung aufgeschwemmt. Ich habe immer eine für Vor- und Hauptdosis unterschiedliche Konzentration der betreffenden zu spritzenden Lösungen hergestellt. Für die Vordosis 10 mg/ml und 30 mg/ml für die Hauptdosis. Für ein 10 kg schweres Weibchen mit der Dosis von 5 mg/kg Karpfenhypophyse würde das bedeuten: Gesamtdosis = 5 mg/kg x 10 kg = 50 mg pro Fisch. Vordosis mit 10 % von Gesamtdosis = 5 mg/Fisch. Bei einer Konzentration von 10 mg/ml benötigt der betreffende Fisch 0,5 ml Hypophysensuspension. Hauptdosis mit 90 % von Gesamtdosis = 45 mg/Fisch. Bei einer Konzentration von 30 mg/ml sind für diesen Fisch dann 45 mg : 30 mg/ml = 1,5 ml Hypophysensuspension nötig. Bei anderen als den im Beispiel angegebenen Dosierungen, verändern diese sich jeweils nach oben oder unten. Verschiebungen können auftreten, z. B. wegen kälterer (höhere Dosis) oder wärmerer (geringere Dosis) Temperatur. Auch verschiedene Polarisationsindexe können das Verhältnis von Vor- und Hauptdosis verschieben, wie etwa bei einem PI 0,09 auf 20 % Vor- und 80 % Hauptdosis.

Da sich Hypophysen nach dem Zerreiben nicht rückstandsfrei auflösen lassen, kann es angebracht sein, die aufgeschwemmte Lösung mit Hilfe eines vorher mit physiologischer Kochsalzlösung angefeuchteten Papierfilters von den Feststoffen zu befreien. Eine andere Methode eine möglichst „saubere“ Wirkstofflösung zu erhalten, besteht darin, die Schwebstoffe absetzen zu lassen und nur den klaren Überstand zu verwenden. Werden die Feststoffe nicht entfernt, kann zum einen die Kanüle der Spritze verstopfen, und zum anderen an der Injektionsstelle eine Infektion oder Reaktion auf das Fremdeiweiß erfolgen, die zu einer Entzündungsbeule führt. Diese Beule verursacht häufig eine Zerstörung des Muskelgewebes mit einem 1-4 cm tiefen Krater im Rücken, der nur langsam zuheilt oder sogar zum Tod der Tiere führen kann.

Vor dem Aufschwemmen der zermahlenen Hypophysen wird die benötigte Menge an Kochsalzlösung berechnet. Dabei sind Verluste durch die Feuchtigkeitsaufnahme des Papierfilters und/oder der Feuchtigkeit im „Hypophysenschlamm“ zu berücksichtigen. Es ist in jedem Fall gut, die tatsächlich verfügbare Menge an aufbereiteter Flüssigkeit zu messen und gegebenenfalls zu ergänzen, damit alle Tiere die zur Sperma-/Eiabgabe nötige Hormonmenge erhalten.

Eine zubereitete Hypophysenlösung ist nur etwa eine Stunde wirksam, so dass nach ihrer Herstellung zügig gearbeitet werden muss. Ist die Arbeit, aus welchen Gründen auch immer, nicht in der vorgegebenen Zeit zu bewältigen, muss ein neuer Ansatz mit neuen Hypophysen gemacht werden.

Die Injektion erfolgt im vorderen Drittel des Rückenmuskels, in Richtung des Kopfes, in einem Winkel von etwa 30-40°. Pro Injektionsstelle sollte möglichst nicht mehr als 1 ml gespritzt werden, so dass größere Tiere durchaus mehrere Spritzen erhalten können, wenn man meinen Empfehlungen zur Konzentration von Priming und Resolving folgt.

 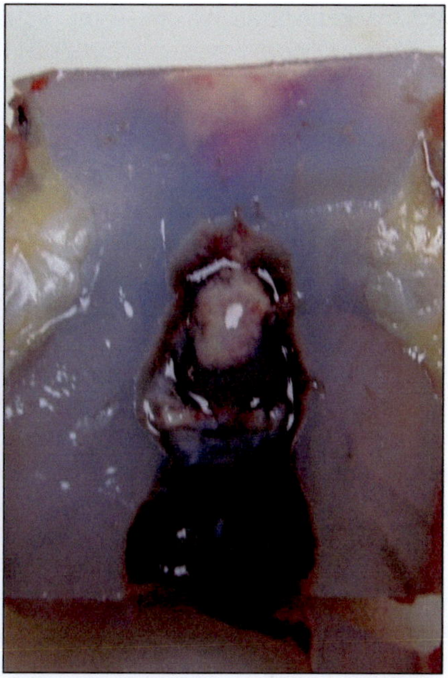

Schnitte zur Gewinnung (links) und Position der Hypophyse (rechts). (Fotos: P. Steinbach)

Hypophysierung von Sibirischen Stören unter Wasser. (Foto: P. Steinbach)

Zur Injektion müssen die Tiere nicht aus dem Wasser gehoben werden, sondern können freischwimmend, stressfrei gespritzt werden. Auf den Einstich reagieren die Tiere sehr selten mit einer Abwehrbewegung. In der Regel schwimmen sie ruhig weiter, sofern man sich selbst nicht hektisch bewegt. Die gesamte Hypophysierung kann von einer Person bewältigt werden.

Jede Spritze kann, nachdem sie gesetzt wurde, langsam, stufenweise in jeweils geringen Mengen über einen Zeitraum von 3-5 Minuten in den Muskel entleert werden. Schnelle Entleerung erzeugt Schmerzen und damit eine heftige Reaktion der Tiere, wodurch die Spritze herausgezogen oder gedrückt werden kann. Die eigentlich im Fisch benötigte Hormonlösung fließt dann zumindest teilweise unkontrolliert ins Wasser. Die erfolgreiche Vermehrung, zumindest dieses Fisches, ist mehr als zweifelhaft. Leere Spritzen werden langsam, unter leichter Massage der Einstichstelle, entfernt, so dass keine Flüssigkeit (Hormon- bzw. Hypophysenlösung) aus dem Stichkanal ausfließt.

Nach ein bis zwei Stunden erscheint häufig, als Reaktion auf die Hormongabe, um die Einstichstelle ein dunkler Fleck, der aber nach ein bis zwei Tagen verschwindet. Auf die Hypophysierung reagierende Tiere schwimmen unruhig im Becken umher. Abhängig von der Wassertemperatur, ist mit der Eiabgabe dann 20-36 Stunden nach der Hauptdosis zu rechnen.

Erwachsene Störe lassen sich, außer zur Kaviar- und Fleischproduktion, auch zur Gewinnung von Hypophysen nutzen. Hierzu erfolgt der erste Schnitt (Säge, großes scharfes Messer) hinter den Augen im rechten Winkel zur Längsachse. Der zweite Schnitt erfolgt, zwei Finger breit (4-5 cm) dahinter, in Richtung Körper. Die so gewonnene Scheibe wird gedreht und flach auf ein Schneidebrett gelegt. Die Hypophyse befindet sich im Gaumendach in einer Aushöhlung. Durch vorsichtiges Schneiden des umgebenden Knorpelgewebes wird die gut sichtbare Hypophyse frei gelegt und mit Hilfe von Pinzette und Skalpell herausgehoben.

Die frischen Hypophysen werden von anhaftendem Blut befreit und zweimal je 12 Stunden in Aceton eingelegt, um sie zu entfetten und zu entwässern. Sie werden dann auf Löschpapier oder besser noch im Exsikkator getrocknet. Nach Entnahme aus dem Exsikkator werden die Hypophysen in Glas- oder Metallröhrchen mit festem, wasserdichtem Verschluss aufbewahrt. Diese Röhrchen sollten möglichst dunkel und kühl gelagert werden. Ein normaler Kühlschrank erfüllt alle Ansprüche. Derartig gewonnene und gelagerte Hypophysen sind mehrere Jahre halt- und nutzbar.

4.2. Spermagewinnung

Bei den Männchen kann etwa 20-36 Stunden nach der Hypophyseninjektion mit Sperma gerechnet werden. Um bei einer wichtigen Vermehrung sicher zu gehen, auch genügend Sperma zur Hand zu haben, kann es angebracht sein, die Spermagewinnung so zu legen, dass die weiblichen Tiere erst injiziert werden, wenn genügend, für die geplante Vermehrung brauchbares Sperma gewonnen werden konnte. Das gewonnene Sperma lässt sich gut in geeigneten Gefäßen, wie z. B. Schraubgläsern oder Kunststoffbeuteln unter Sauerstoffatmosphäre im Kühlschrank oder in Styroporboxen auf Eis bis zu einer Woche gebrauchsbereit aufheben. Die Vitalität guten Spermas nimmt in diesem Zeitraum nur in geringem Umfang ab. Täglicher Austausch des Sauerstoffs in den Beuteln/Gläsern hilft, die Qualität des Spermas zu erhalten.

Männchen lassen sich mehrmals im Abstand von zwei Stunden zur Spermagewinnung heranziehen. Das beim zweiten Mal gewonnene Sperma ist häufig mindestens so gut, wie das beim ersten Mal gewonnene, manchmal sogar besser. Gutes Sperma ist weiß wie Sahne und zeigt unter dem Mikroskop, nach Zugabe von einen Tropfen Wasser, eine gerichtete Vorwärtsbewegung. Teilweise unbewegliches oder ungerichtet schwimmendes oder auf der Stelle kreiselndes Sperma ist ungeeignet. Dünnes wässriges aber gerichtet schwimmendes Sperma sollten nur im äußersten Notfall eingesetzt werden.

4.3. Eigewinnung

Mit einer ersten Eiabgabe ist im Bereich von 15-17 °C ab etwa 20 Stunden nach Verabreichung der Hauptdosis zu rechnen. Sind in einem Becken Eier zu finden, kann, sofern sich mehrere Tiere darin befinden, durch vorsichtiges Betasten des Bauches festgestellt werden, welches oder welche Tiere bereit sind. Geeignete Tiere weisen einen weichen Bauch auf. Erscheinen bei vorsichtigem Herausheben und leichtem Druck auf den Bauch nicht nur einzelne Eier, sondern ein breiter Strahl mit vielen Eiern, ist das Tier zum sofortigen Streifen bereit. Sind nur einzelne Eier oder ein schmaler Strahl aus einzelnen Eiern sichtbar, dauert es noch 1-2 Stunden bis das Tier völlig ovuliert hat und zum Abstreifen bereit ist. Nach dieser Zeit sollte eine erneute Kontrolle erfolgen. Sind in einem Becken mehrere Tiere untergebracht, ovulieren nach eigener Erfahrung mit mehreren tausend Stören verschiedener Spezies, häufig alle in dem betreffenden Becken. In anderen Becken, auch desselben Kreislaufs/Systems, kann es sein, dass noch kein Tier ovuliert.

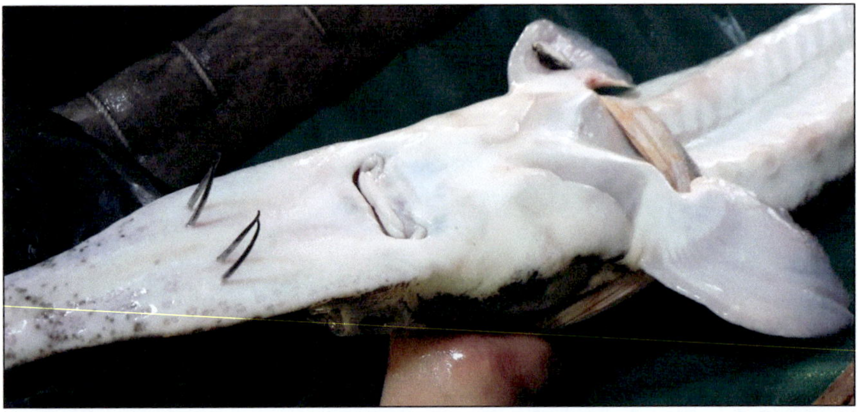

Einsatz eines Handtuchs zum Halten beim Streifen eines Sternhausen. (Foto: P. Steinbach)

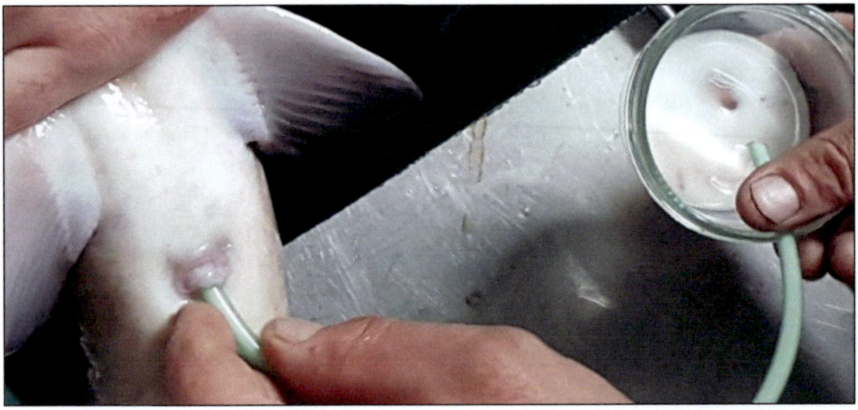

Spermagewinnung mittels Katheter. (Foto: P. Steinbach)

Spermalagerung (Tüten und Gläser) im Kühlschrank. (Foto: P. Steinbach)

Nach eigenen Erfahrungen mit Tieren aus Teichen, die unter mitteleuropäischen Temperaturverhältnissen gehalten wurden, ovulieren in der Saison (Frühjahr) mehr als 90 % der behandelten Fische. Bei Tieren aus Warmwasseranlagen mit künstlicher Winterung sind es 80-90 %. Im Herbst ist es schwierig mit saisonalen Tieren zu arbeiten. Auch nach künstlich eingeleiteter kurzer Temperatursenkung sind häufig nur Ergebnisse von 60-70 % Ovulation realisierbar. Ein begleitendes Lichtprogramm mit abnehmender, gefolgt von zunehmender Tageslichtlänge kann manchmal helfen, die Ergebnisse zu verbessern.

In den meisten Fällen erfolgen sowohl Eientnahme als auch Spermaentnahme mit Hilfe eines Streiftisches, auf welchem sich die Tiere, auch ohne Betäubung, gut handhaben lassen. Steht kein Streiftisch zur Verfügung, kann es hilfreich sein, die Tiere zu betäuben, um die Handhabung zu erleichtern. MS-222 (Tricaine-Methansulphonat), Nelkenöl (Eugenol-Methoxyphenol), Ketamin (Arylcyclohexylamin) und Benzocain (Aminobenzoesäureethylester) sind gängige Betäubungsmittel. Nach eigenen Erfahrungen ist Nelkenöl sehr gut verträglich und die Tiere lassen sich nach 3-5 Minuten sehr gut handhaben. Einer möglichen pH-Verschiebung wie bei MS-222 und CO_2 ist nicht zu begegnen. Nelkenöl ist unkompliziert in der Anwendung und wirkt gut in einer Konzentration von 50-100 ml/m³. Es ist wichtig die Becken, in denen sich betäubte oder zu betäubende Tiere befinden, ausreichend zu belüften. Unabhängig vom verwendeten Betäubungsmittel sollten die Tiere nach dem Herausheben aus dem Betäubungsbad, vor allem in den Kiemen, mit sauberem Wasser abgespült werden. Ein permanentes Spülen der Kiemen mit belüftetem Frischwasser solange sich die Tiere außerhalb des Wassers befinden, ist bei Fischen bis 40 kg nicht nötig. Dauert das Streifen bei größeren weniger als 5 Minuten, benötigen auch diese kein permanentes Spülen der Kiemen mit Frischwasser.

Zum Streifen können die Tiere mit den Bauch nach oben in die Mulde eines sogenannten Streiftisches gelegt werden. Dabei wird der Kopf von einer Person festgehalten und der Schwanz von einer zweiten. Ein nasses Handtuch kann gut verwendet werden, das entsprechende Tier sicher zu halten. Das Handtuch wird unterhalb der Brustflossen um den Körper geschlungen und kann dann mit einer Hand gehalten werden. Fällt ein Weibchen, voll mit Eiern, auf den Boden, stirbt es häufig, da innerlich Zerreißungen und Blutungen auftreten.

Außer in einem Streiftisch können die zu streifenden Tiere flach auf einem Tisch liegen, wobei die Genitalpapille zur Tischkante positioniert wird. Eine an die Papille oder unterhalb der Tischkante gehalten Schüssel dient dazu, die gestreiften Eier aufzufangen. Auch bei dieser Methode sind drei

Personen (Kopf, Schwanz, Streifen) nötig, unter Umständen sogar eine vierte, sofern die Schüssel von Hand gehalten werden muss und nicht in einer Aufhängung oder auf einem niedrigen Beistelltisch auf Eier wartet.

Beim Streifen mit Hilfe eines Streiftisches steht eine Schüssel zur Aufnahme der Eier auf einer kleinen abgesenkten Ablage. Eine Person streift den Fisch vorsichtig von vorn nach hinten. Störe besitzen anders als z. B. Forellen zwei lange Eileiter, die eine Ovarialklappe besitzen, wodurch nur die geringe Menge Eier direkt streifbar ist, die bereits in die beiden Eileiter gelangt sind, obwohl sich die überwiegende Masse an Eier frei in der Bauchhöhle befinden. Die beiden Eileiterstränge vereinen sich kurv vor Erreichen der Geschlechtspapille, in welcher sich der Auslass der Eiern befindet. Mehrfaches Abstreifen (4-6-mal) der jeweils erneut gefüllten Eileiter im Abstand von 30-60 Minuten kann genutzt werden, die meisten ovulierten Eier zu gewinnen.

Eine andere Möglichkeit des Streifens besteht darin, einen Schnitt in den Eileiter zu machen, nachdem beide Stränge zunächst leer gestreift worden sind. Der Einschnitt wird mit einem Skalpell Richtung Rücken oder Seite geführt, nie nach unten oder zum Bauch, da sich dort der Darm befindet, den man in keinem Fall verletzen sollte. Der Schnitt in den Eileiter verheilt ohne Vernähen schnell und problemlos. Oft ist es auch möglich den Eileiter mit Hilfe einer Pinzette mit runden, stupfen Spitzen zu durchstoßen. Zum Streifen wird eine der Größe der Fische angepasste Pinzette vorsichtig in die Genitalpapille und in die in die Eileiterwand geschaffene Öffnung eingeführt und gespreizt, so dass die ovulierten Eier beim folgenden Streifen frei fließen können.

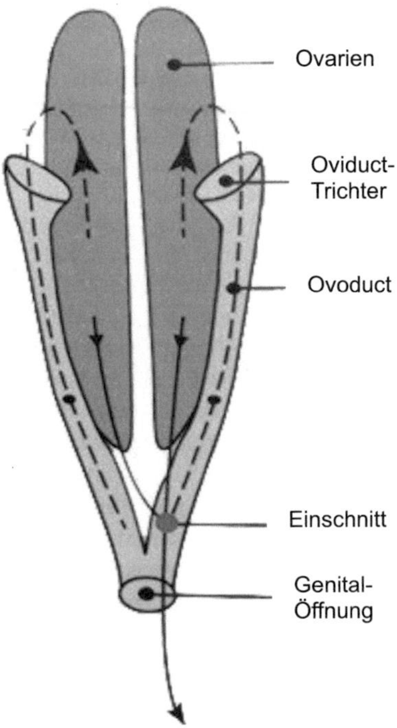

(Nach: Williot et al., 2018)

Anmerkungen zu obiger Zeichnung:
Durchgezogene Linie = Weg der Eier nach Einschnitt;
Gestrichelte Linie = Weg der Eier ohne Einschnitt.

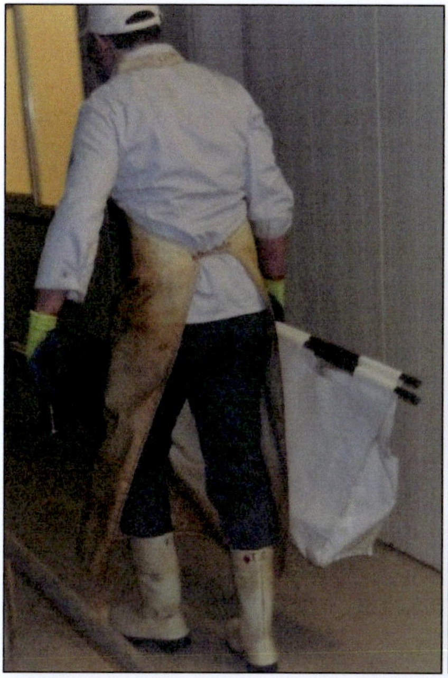

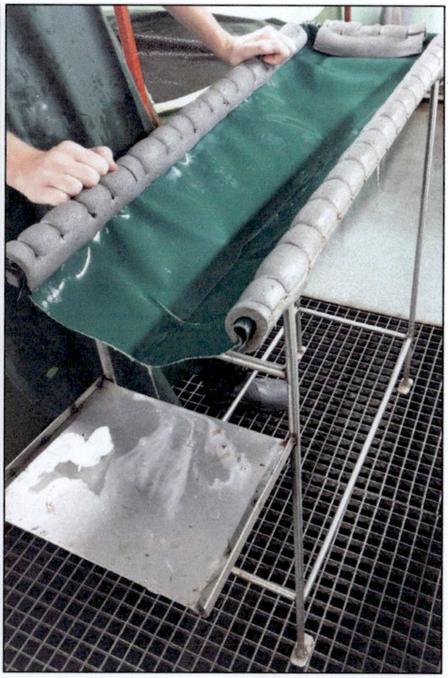

Transportrage (links) und Streiftisch (rechts). (Fotos: P. Steinbach)

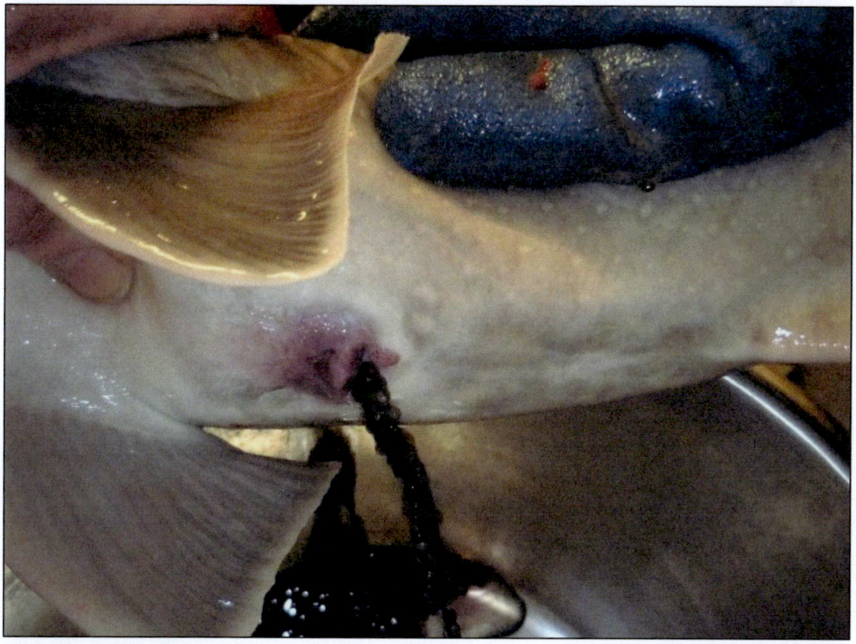

Abstreifen eines Störs. (Foto: P. Steinbach)

Eine weitere Möglichkeit besteht darin, einen 4-8 cm langen Bauchschnitt oberhalb der Bauchflossen in Richtung Kopf durchzuführen, über den es gelingt mit einmaligem Streifen und einmaligem Nachstreifen 90-95 % aller Eier zu gewinnen. Der Schnitt wird nach dem Streifen vernäht, wobei sich die Verwendung von chirurgischem Stahldraht bewährt hat. Er ist steril, quillt nicht im Wasser und lässt sich exakt so stark zusammenziehen (rödeln, verdrillen), wie nötig, um die Schnittflächen aneinander zu pressen, was die spätere Heilung erleichtert. In der Regel sind derartige Schnitte innerhalb von 6-8 Wochen problemlos verheilt. Meist ist der Draht zu dem Zeitpunkt bereits herausgewachsen und abgefallen, falls nicht kann er problemlos zerschnitten und entfernt werden. Selbstverständlich kann auch normales, chirurgisches Nahtmaterial verwendet werden. Für Ungeübte ist es allerdings schwierig alle Knoten gleichmäßig fest zu ziehen, damit die Wunde schnell verheilt.

Zumindest in Deutschland dürfen nur Tierärzte Schnitte an Wirbeltieren durchführen oder diese betäuben. Sind derartige Tätigkeiten nötig, sind in jedem Fall vorher die entsprechenden Behörden anzufragen. Unter Umständen ist es ausreichend unter Aufsicht oder nach Anleitung/ Schulung eines Tierarztes die entsprechenden Arbeiten durchzuführen.

Während des Streifens kann es immer mal geschehen, das Ovarialgewebe gequetscht wird, daher ist es angebracht, die Tiere nach dem Streifen einmalig mit einem Antibiotikum (Tierarzt) zu behandeln. Vor allem fette Tiere sind besonders gefährdet. Unter Umständen sonst auftretende Verluste sind so zu vermeiden.

Das reife Ei enthält Zellkern, Plasma und Dotter. Es ist von einer Eihülle (Membran) umgeben, die aus verschiedenen Schichten besteht. Die Eihülle von Stören weist mehrere Öffnungen (Mikrophylen) auf, durch welche die Samenzellen (Spermien) zur Befruchtung eindringen können. Sobald ein Spermium eingedrungen ist, schließen sich diese Öffnungen und verhindern so eine Mehrfachbefruchtung (Polyspermie), welche die Entwicklung lebensfähiger Embryonen ausschließt.

Frisch abgelegte Eier sind relativ weich oder schlaff. Nach der Befruchtung schwillt das Ei durch Aufnahme von Wasser an und härtet aus. Seine Widerstandsfähigkeit gegen mechanische Verletzungen nimmt dadurch erheblich zu.

Sobald Sperma selbst mit geringen Mengen (Tropfen) Wasser in Berührung kommt, wird es aktiviert und beginnt sich zu bewegen. Nach 2-5 Minuten ist derartig aktiviertes Sperma unbrauchbar, da sich die Beweglichkeit verlangsamt und schließlich aufhört. Aktiviertes Sperma ist nur sehr kurz beweglich und damit befruchtungsfähig. Daher vor der Spermaentnahme immer den Fisch, sowie Hände, Katheder und jegliche Behälter, in welchen das Sperma gelagert werden soll, gründlich trocknen. Auch Spritzwasser, aus welcher Quelle auch immer, ist zu vermeiden, will man nicht die gesamte bisherige Arbeit umsonst gemacht haben.

Auch bei den Weibchen werden Bauch und Genitalbereich vor dem Streifen sorgfältig getrocknet. Gestreifte Eier können zwar einige Stunden ohne Schaden in der Ovarialflüssigkeit verbleiben, kommen sie aber mit Wasser in Berührung, startet auch ihre Aktivierung. Derartige Eier, die mit Wasser in Berührung kamen, beginnen zu kleben und zu klumpen und sind nach einer Weile nicht mehr befruchtungsfähig.

Im Fall der Kaviarerzeugung aus ovulierten Eiern, werden die gestreiften, aber unbefruchteten Eier in gekennzeichneten und mit Folie abgedeckten Schüsseln zur weiteren Behandlung in den Kaviarraum gereicht.

Überreife, unbrauchbare Eier (links) und Vollreife, optimale Eier (rechts).(Foto: P. Steinbach)

4.4. Befruchtung

Sind die Eier der Weibchen in eine saubere trockene Schüssel gestreift, wird die Ovarialflüssigkeit abgegossen oder abgesiebt, da diese die Spermien an der Aktivierung hindert.

Zur Befruchtung fügt man zu jedem Kilogramm gestreifter Eier, je nach Methode (Polnisch, Russisch, Amerikanisch) 1,5-4,0 l sauberes, mit

Sauerstoff gesättigtes Wasser hinzu und direkt danach mit einer trockenen Spritze 10-25 ml Sperma. Eier, Sperma und Wasser werden 2,5-3,0 Minuten vorsichtig von Hand gemischt. Danach wird das Wasser abgegossen und da die Eier sehr schnell zu kleben beginnen, werden sie umgehend zum Entkleben behandelt.

Je geringer die Dichte und Mobilität der Spermien, desto höher/größer die zur erfolgreichen Befruchtung nötige Spermamenge. Um sicher zu gehen, dass genügend bewegliche und befruchtungsfähige Spermien vorhanden sind, kann das Sperma mehrerer Männchen direkt vor der Zugabe gemischt und anschließend verabreicht werden. Es kann durchaus sein, dass gut aussehendes Sperma (hohe Konzentration, gute Farbe, gute Beweglichkeit) nicht befruchtungsfähig ist.

4.5. Entklebung

In der Natur laichen Störe in strömenden Gewässern mit kiesigem oder schotterigem Boden. Anders als bei Lachsen oder Forellen sinken die Eier nach der Abgabe und Befruchtung nicht in Ritzen, Hohlräume oder Vertiefungen, sondern kleben sich an Steinen und sonstigen Oberflächen fest. Kommen mehrere Eier in Berührung zueinander, kleben sie zusammen. Die Eier im Inneren des Klumpens erhalten keinen oder wenig Sauerstoff und die betroffenen Eier sterben ab. Bei der künstlichen Vermehrung werden die befruchteten Eier nicht an Oberflächen angeklebt, da hierzu erhebliche Flächen benötigt werden, die einfach nicht vorhanden und regulierbar sind. Aus diesem Grund werden die Eier entklebt, bevor sie in Erbrütungsbehälter, welcher Art auch immer, gelangen. Zum Entkleben werden die Klebeflächen der Eier durch Substanzen abgedeckt, welche eine ungehinderte Sauerstoffversorgung zulassen. Das Entkleben kann mit verschiedenen Mitteln durchgeführt werden.

Talkum eignet sich dazu am besten, wobei 500 g Talkum in 10 l Wasser so lange gerührt werden, bis eine klumpenfreie Suspension entsteht. Leichter ist es, zunächst 500 g Talkum in einem Liter Wasser zu verrühren. Der dabei entstehende Brei lässt sich in Kunststoffbeuteln lagern und bei Bedarf schnell auf Gebrauchskonzentration verdünnen. Derart umgeht man die bei der Vermehrung größerer Partien leicht herrschende Hektik, da das einige Zeit dauernde Wiegen und Anrühren von Talkum umgangen wird. Das am Vortag vorbereitete Talkum-Wasser-Gemisch lässt sich sehr schnell in größeren Wasservolumina verteilen. Von der auf Gebrauchskonzentration (500 g in 10 l) verdünnten Suspension werden 0,5-3,0 l pro kg Eier eingesetzt. Die richtige Talkummenge ist erreicht, wenn die mit der Hand fühlbare Schleimigkeit (Viskosität) der Eier verschwunden ist.

Die Viskosität der Ovarialflüssigkeit ist von Fisch zu Fisch verschieden, daher ist wird, die Talkummenge daran angepasst.

Auch Lehm oder Ton können zum Entkleben verwendet werden. Sie werden mit Wasser zu einem Schlamm verrührt und 300 g des Breis werden zum Entkleben mit etwa 5 l Wasser verdünnt und mit 1 kg Eier vermischt. Es ist zu empfehlen, zumindest den Schlamm vor seiner Verwendung zu sterilisieren, z. B. in einem normalen vorgeheizten Backofen (30 Minuten bei 200 °C).

Stärke und Magermilch (ca. 1 l/10 l Wasser) lassen sich ebenfalls zum Entkleben verwenden, allerdings hat man dann während der Erbrütung häufig mit Pilzinfektionen (*Saprolengia*) zu kämpfen, welche die auf der Eioberfläche haftenden Nährstoffe aus Milch und Stärke nutzen.

In allen obigen Fällen werden die Eier etwa 30-45 Minuten mit dem entsprechenden Entklebungsmittel verrührt oder vermischt. Dies kann von Hand geschehen oder in von unten belüfteten Gefäßen, wobei die eigeblasen Luft das Mischen durchführt. Diese Gefäße können Erbrütungsgläser (z. B. McDonald) sein, in welche ein Aquarienausströmer am Boden Luft einbläst oder speziell dafür gefertigte trichterförmige Metallgefäße mit einer in der Spitze erfolgenden Luftzuführung.

Das in der Handhabung schwierige Tannin (Gerbsäure) lässt sich ebenfalls zur Entklebung einsetzen. Es wird in einer Konzentration von 5 g/10 l Wasser gelöst. Die Entklebung/Vermischung der Eier von Hand (Schutzhandschuhe) dauert nur 40 Sekunden. Anschließend ist sofort mehrfach mit klarem Wasser zu spülen, bis wirklich das gesamte Tannin entfernt ist. Werden die Eier zu lange der Tanninlösung ausgesetzt, wir die gesamte Ei-Oberfläche gegerbt und das Ei stirbt ab oder der Embryo kann nicht schlüpfen.

4.6. Erbrütung

Nach dem Entkleben werden die Eier so lange mit frischem Wasser gespült, bis alle nicht an Eier gebundenen Entklebungsmittel entfernt sind. Die sauber gespülten Eier können in Erbrütungsgläsern (MacDonald- oder Zuger-Gläser) oder Klappeninkubatoren erbrütet werden. Erbrütungsgläser besitzen den Vorteil, Eischalen an der Oberfläche zu sammeln, von wo sie sehr leicht abgesaugt werden können, bevor Schäden wie z. B. Verpilzungen entstehen können.

Entkleben von Störeiern, manuell (links) und mechanisch (rechts). (Fotos: P. Steinbach)

Klappeninkubator mit Störeiern (links) und Erbrütungsgläser mit Albinoeiern (rechts).

Da die Eier nach der Befruchtung individuell und je nach Art der Entklebung unterschiedlich quellen, geben die Angaben zur Beschickung der Erbrütungsgefäße nur Anhaltspunkte. Es ist aber kein Problem, Eier zu entnehmen und in ein anderes leeres Gefäß umzufüllen, sollten die Eier stärker als erwartet quellen. In MacDonald Gläser mit 6,5 l Inhalt lassen sich etwa 600-800 g ungequollene Eier „normaler" Störarten erbrüten. Sind die Eier größer, z. B. bei Hausen, reduziert sich die Menge auf 400-500 g. In Zugergläsern von 8 l Inhalt können bis zu 1,0 kg „normale" und von Hausen 600-900 g Eier eingefüllt werden. In Zugergläsern ist darauf zu achten, dass an der tiefsten schmalen Stelle eine gleichmäßig breite Verteilung des zulaufenden Wassers erfolgt, da sonst die Eier durch die an dieser Stelle herrschende hohe Wassergeschwindigkeit geschädigt werden können. In Klappeninkubatoren lassen sich pro Schale bis zu 2 kg „normale" und ca. 1,5 kg Hausen Eier erbrüten.

Gequollene Störeier im Erbrütungsglas. (Foto: P. Steinbach)

Um möglichst früh eine Vorstellung von der Befruchtungsrate zu bekommen, können einige Eier in Abhängigkeit von Temperatur und Spezies 4-6 Stunden nach der Befruchtung, zwischen der ersten und vierten Zellteilung, unter einem Mikroskop ausgezählt werden. Die Eier sind dann in gerade Einschnürungen (2/4) unterteilt (*Dettlaff et al., 1993*). Unbefruchtete Eier weisen keine Einschnürungen auf, sonstige Fehlentwicklungen werden in ungeraden Abschnürungen sichtbar.

Der Schlupf der Embryonen erfolgt je nach Temperatur und Spezies nach 5-9 Tagen (90-130 Tagesgrade) und kann sich durchaus über ein bis zwei Tage hinziehen. In wärmerem Wasser benötigen die Embryonen weniger Tagesgrade (= Durchschnittstemperatur x Tage) bis zum Schlupf, in kälterem länger. Der Wasserzufluss ist so zu steuern, dass mindestens 7 mg/l Sauerstoff oder besser 70 % Sättigung, im aus den Erbrütungsgefäßen ablaufenden Wasser zu messen sind. Zu beachten ist, dass der Sauerstoffbedarf der Eier/Embryonen mit fortschreitender Entwicklung erheblich steigt. In einem MacDonald-Glas zum Beispiel steigt der zur Sauerstoffversorgung nötige Wasseraustausch von 30-40 % des Volumens pro Minute auf 70-80 %. Ein Sauerstoffgehalt von unter 6 mg/l kann zu Fehlbildungen und ein solcher unter 3,0-3,5 mg/l zum Tod aller Embryonen führen (*Chebanov & Galich, 2013*).

Erbrütungsanlage mit Sammelbecken für schlüpfende Brut. (Foto: P. Steinbach)

Störbrut nach Schlupf (links) und vor erster Futteraufnahme (rechts). (Fotos: E. Fritschi)

Direktes Sonnenlicht und starke Beleuchtung sollten vermieden werden, da die Schlupfrate sinkt, vermehrt Anomalitäten auftreten und die Vitalität der Embryonen leidet. Empfohlen werden für Hausen <100 Lux, für Sternhausen 20-100 Lux und für Russische Störe <20 Lux. Es ist in jedem Fall gut, für welche Spezies auch immer, mit der Beleuchtung unterhalb von 20 Lux zu bleiben. Tägliche Temperaturschwankungen von mehr als 2 °C sind zu vermeiden (*Chebanov & Galich, 2013*).

Während der Erbrütung können die Eier verpilzen (*Saprolengia*). Um dieses zu verhindern, können die Eier vorbeugend täglich 10 Minuten mit 1,5 mg/l Wasserstoffperoxid (H_2O_2) oder täglich ab dem zweiten Tag nach der Befruchtung 10-15 Minuten mit 4-8 ml/l Jodophor behandelt werden. Behandelt (gebadet) wird längstens bis einen Tag vor dem erwarteten Schlupf. Wird das zulaufende Wasser, egal ob im Kreislauf oder Durchlauf, mit ultraviolettem (UV) Licht in einer Dosis von 100.000 µWs/cm^3 behandelt, kann die Häufigkeit der Bäder verringert werden oder ganz unterbleiben. Eine etwas grobe Berechnung der brauchbaren Dosierung von UV-Licht besagt: 60 l/h an Durchfluss pro Watt Anschlusswert der UV-Röhren. Eine 60 Watt UV-Röhre wäre damit für einen Durchfluss von 1 l/s (3,6 m^3/h) ausreichend dimensioniert.

Frisch geschlüpfte Brut verteilt sich über das ganze Becken und schwimmt in den ersten 3-4 Tagen immer wieder zur Wasseroberfläche und sinkt dann zu Boden. 5-7 Tage nach dem Schlupf stellen sich die Larven gegen die Strömung, direkt nachdem sie sich am Boden orientiert haben. 7-9 Tage nach dem Schlupf schulen sich die Larven für 2-3 Tage zusammen und bilden in dunklen Ecken/Bereichen des Beckens Klumpen. Diese Schulen lösen sich nach 2-3 Tagen auf, da die Larven zur Oberfläche schwimmen und ihre Schwimmblase mit Luft füllen.

Nach dieser Zeit schwimmen sie frei im Becken, gehen zur aktiven Nahrungsaufnahme über und es muss mit der Anfütterung begonnen werden. Die Anfütterung der Brütlinge und Haltung der Setzlinge kann in Rund- oder Langstrombecken erfolgen. Angaben zu den Besatzdichten finden sich bei den Beschreibungen der einzelnen Spezies (siehe Störarten).

Literatur:
Chebanov et al., 2011; Chebanov & Galich, 2013; Conte et al.,1988; Dettlaff et al., 1993; Hochleithner, 2012; Williot et al., 2002+2018;

5. FÜTTERUNG

Für die Ernährung der Störe, also der Fütterung unter Haltungsbedingungen in der Aquakultur (in Becken, Kanälen, Teichen, Gehegen), sind vor allem die Futterzusammensetzung und die Futterverabreichung zu berücksichtigen. In der Natur fressen Störe vor allem Insektenlarven, Krebstiere, Weichtiere, Würmer, Fischeier und Kleinfische.

Alle Störarten fressen als Erstfutter gern Lebewesen oder Teile davon, die dem natürlichen Nahrungsangebot entsprechen oder nahe kommen. Hausen (*Huso huso*) lassen sich mit gehackten Kompostwürmern (*Eisenia*), Schlammröhrenwürmern (*Tubifex*) oder Zuckmückenlarven (*Chironomus*) leichter anfüttern als mit Trockenfutter. Andere Störarten wie der Sibirische Stör (*Acipenser baerii*), Russische Stör (*Acipenser gueldenstaedtii*), Sterlet (*Acipenser ruthenus*) und Sternhausen (*Acipenser stellatus*) werden recht erfolgreich mit Salinenkrebschen (*Artemia)* oder Wasserflöhen (*Daphnia*) angefüttert.

Schlammröhrenwürmer und Zuckmückenlarven leben in der Natur häufig in Bereichen, die von Fischen, wegen der für sie dort herrschenden schlechten Umweltbedingungen, gemieden werden (z. B. Abwassereinleitung, hohe Nährstofffracht). Das Leben in einer derartigen Umwelt kann zu Anreicherung mit Schwermetallen und anderen giftigen oder unbekömmlichen Stoffen (Fungizide, Insektizide, Herbizide) und Krankheitserregern (Bakterien, Parasiten) führen. Vor der Verfütterung von Schlammröhrenwürmern – mehr aber noch von Zuckmückenlarven – muss daher gewarnt werden. Röhrenwürmer werden meist lebend frisch im Ganzen oder zerkleinert verfüttert, Mückenlarven im Ganzen, gefrostet oder zerkleinert. Bei der Handhabung von Zuckmückenlarven ist das Tragen von Handschuhen anzuraten, da sie leicht Allergien bei den mit ihrer Handhabung beschäftigten Personen hervorrufen können. Kompostwürmer lassen sich lebend kaufen und in Gartenerde erhalten, die mit organischem Material (Küchenabfälle) versetzt wurde. Sagen ihnen die Bedingungen zu, vermehren sie sich sogar. Die zur Fütterung täglich benötigte Menge an Würmern beträgt etwa, wie bei den anderen Lebendfuttermitteln auch, 10-15 % des Körpergewichtes der Fische.

Die Gewöhnung oder besser Umgewöhnung von Lebendfutter auf Trockenfutter, das sogenannte „Weaning“, erfolgt schrittweise, indem der Trockenfutteranteil in der Nahrung immer weiter erhöht wird, bei gleichzeitiger Verringerung des Naturfutters. Würmer, Salinenkrebschen und Zooplankton werden zu etwa 3-5 g/1000 Störe verfüttert (*Chebanov & Galich, 2013*).

In den allermeisten Fällen wird heutzutage in der intensiven Fischzucht mit pelletiertem bzw. extrudiertem Trockenfutter (Granulat, Pellets) gearbeitet. Außer beim Anfüttern von Brütlingen und Setzlingen, sowie bei Tieren die zum Aussetzen in Freigewässer bestimmt sind, erhalten Störe ausschließlich Trockenfutter. In einigen Gegenden, in denen preiswert frische kleine Sardinen zu bekommen sind, werden diese zur Verbesserung der Eiqualität und Vitalität an fast reife Störe verfüttert. Es besteht allerdings die Gefahr auf diesem Weg Parasiten einzuschleppen.

5.1. Futterzusammensetzung

Störe benötigen im Laufe ihres Lebens eine an ihre jeweiligen Entwicklungsstufen angepasste Futterzusammensetzung. Da sie deutlich älter als andere Fische werden müssen, bevor sie zur Kaviargewinnung oder Vermehrung genutzt werden können, ist es bei ihnen noch wichtiger, dass der jeweiligen Entwicklungsstufe angepasste Futter zu verabreichen.

Junge Tiere benötigen, da sie wachsen und Fleisch bilden sollen, mehr Protein als ältere. Bei mittelalten Tieren, die noch Zuwachs zeigen und die bereits begonnen haben Geschlechtsprodukte zu bilden, sinkt der Proteinbedarf. Sie benötigen in zunehmendem Maße Energie. Diese lässt sich am leichtesten in Form von Fett verabreichen. An Kohlenhydraten sollte Störfutter nicht mehr enthalten, als zur Herstellung einer besseren Pressbarkeit und Stabilität der Pellets unbedingt erforderlich ist. Kohlenhydrate sind in Störfutter weniger erwünscht, da sie zu Fettansatz führen, der nur sehr schwierig zu remobilisieren und damit zu entfernen ist. Auf die Verdauung von Kohlenhydraten ist das Verdauungssystem von Stören nicht besonders gut eingestellt.

Kohlenhydratreiches Futter neigt im Darm junger Störe zu Gärung und Ansiedlung von Hefen und Mikroorganismen, die eine Darmentzündung und/oder Gasbildung hervorrufen können, die es dem Fisch nicht mehr erlauben normal zu schwimmen. Knapp gefütterte Tieren neigen eher zur Gasbildung, als voll im Futter stehende Tiere, da die Kohlenhydrate bei geringer Darmfüllung und langsamer Darmpassage länger Zeit zur Gärung haben. Einige Zeit mit aufgetriebenem Bauch an der Wasseroberfläche hängende Tiere werden krumm und können auch nicht wieder normal schwimmen, wenn die Gasblase verschwunden ist. Die Wirbelsäulenkrümmung bleibt. Setzt man die aufgetriebenen Tiere gleich von Beginn an in sehr flaches Wasser, können viele, wenn auch mit Mühe, fressen. Häufig gelingt es so, die Gasblase los zu werden.

Falsche Ernährung führt bei Stören zu Fettansammlung im Bauchraum,

Fettleber und wenig Kaviar, da dort wo Fett ist, kein Kaviar sein kann. Forellenfutter ist, so gut es auch für Forellen sein mag, für Störe, außer eventuell dem Hausen, auf Dauer nicht gut geeignet. Anders ausgedrückt, die richtige Ernährung ist von entscheidender Bedeutung zur Erzeugung von gesund alt werdenden Tieren mit viel und vor allem gutem Kaviar.

Das Ziel der Störhaltung ist nicht, oder sollte nicht sein, in möglichst kurzer Zeit möglichst große Tiere (viel Fleisch) mit hohem Gewicht zu erzeugen, sondern in möglichst kurzer Zeit möglichst viel Kaviar guter Qualität zu erhalten. Fleisch ist, so gut es auch schmecken mag, außer bei aussortierten Männchen, ein im Vergleich zu Kaviar relativ geringwertiges Nebenprodukt. Das eingesetzte Futter muss daher immer in Zusammensetzung, Gehalt an wertbestimmenden Bestandteilen und der täglich verabreichten Futtermenge, so optimal wie möglich, den Bedürfnissen der jeweiligen Entwicklungsstufe entsprechen.

Der Wert eines Futtermittels wird bestimmt durch: Nährstoffe wie Eiweiß (Protein), Fett (Lipid), Kohlenhydrate, Rohfaser, Asche und Zusatzstoffe wie Vitamine, Mineral- und Hilfsstoffe sowie den Energiegehalt. Genauere und weiter gehende Beschreibungen bezüglich der Futterbestandteile, -zusammensetzung, -herstellung, -beurteilung und -lagerung sowie Nährstoffverdauung und Stoffwechsel bei Fischen, finden sich in *Steinbach (2018).*

Protein wird von den Tieren zum Aufbau des Körpers (Muskelfleischansatz) und zur Energiegewinnung genutzt. Energie aus Protein zu gewinnen ist deutlich teurer, als aus Fett und zusätzlich müssen die entstehenden Abbauprodukte (Ammonium, Kohlendioxid, Harnstoff) ins umgebende Wasser abgegeben werden, wodurch die zur Erhaltung guter Wasserqualität nötige Wasseraustauschrate steigt. Anders als Fett kann Eiweiß nicht im Körper gespeichert werden. Darum wird bei hungernden Tieren zur Aufrechterhaltung des Stoffwechsels schnell Muskelmasse abgebaut.

Im Futter der in Aquakultur gehaltenen Störspezies ist, je nach Alter und Entwicklung der Gonaden, in den meisten Fällen ein Rohproteingehalt (RP) von 38-45 % nötig und bei Futtermitteln mit genügend Fett als Energielieferant (maximal 18 % Rohfett) auch ausreichend. Sehr junge Fische (Brut) benötigen mehr Protein (50-60 %), da zum teilweise sehr schnellen Aufbau von Körpermasse vor allem Eiweiß nötig ist. Verdauliche Kohlenhydrate sollten im Futter 16 % nicht überschreiten. Ihr Anteil im Futter sollte nur so niedrig, wie zur Futterverarbeitung und -herstellung unbedingt nötig ist, sein.

Jungstöre mit Gas im Verdauungstrakt (links) oder an Wasseroberfläche fressend (rechts).

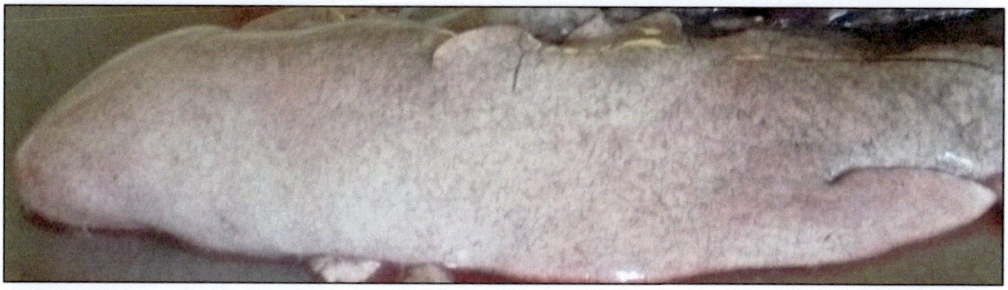

Verfettung der Leber eines Störs durch Überfütterung. (Fotos: P. Steinbach)

Verformung der Wirbelsäule eines Störs durch Vitaminmangel. (Foto: E. Fritschi)

Hoch energiehaltige Futtermittel müssen in ihrer Nährstoffzusammensetzung exakt ausbalanciert sein, um übermäßige Bildung von Depotfett in der Bauchhöhle, unter der Haut und im Muskel zu verhindern. Es ist entscheidend wichtig, derartige Futtermittel nicht zu großzügig, nach dem Motto viel hilft viel, einzusetzen. Der immer wieder zu beobachtende Ansatz von Fett im Bauchraum reifer Störe ist in der Regel nicht auf zu viel Fett im Futter zurückzuführen, sondern auf zu viel Futter, oft noch verbunden mit reichlich verdaulichen Kohlehydraten (>15 %).

Ballaststoffe sind eine Reihe unterschiedlicher Verbindungen, die entweder wasserlöslich, wie Alginate (Elemente der Zellwände von Algen) oder wasserunlöslich, wie Chitin (Gerüstsubstanz von Gliederfüßern) und vor allem Cellulose (Baustoff der Zellwände von Pflanzen) sind. Rohfaser besteht fast ausschließlich aus Cellulose, einem Polysaccharid (Vielfachzucker). Da Ballaststoffe wie Rohfaser für Fische praktisch unverdaulich sind, sinkt mit steigendem Anteil im Futtermittel die Verdaulichkeit der Futterration. Geringe Mengen (3-5 %) an Rohfaser dagegen verlängern die Verweilzeit des Nahrungsbreis im Verdauungstrakt. Dadurch kann die Verdaulichkeit des Futtermittels steigen, weil die Enzyme länger auf die Nährstoffe (Eiweiß, Fett, Kohlehydrate) einwirken können. Darüber hinaus können Ballaststoffe z. B. durch Förderung "guter" Bakterien die Darmgesundheit positiv beeinflussen.

Die Kenntnisse über den Mineralstoffbedarf von Fischen sind noch sehr ungenau. Offensichtlich können Fische ihren Bedarf zumindest teilweise auch aus dem sie umgebenden Wasser decken.

Auch der Bedarf an fettlöslichen (A, D, E, K) und wasserlöslichen (B, C) Vitaminen von Stören ist nicht genau bekannt. Die gängigen Vitaminisierungen von Fischfutter sollten nach bisherigen Erkenntnissen ausreichen. Auf einige Vitamine oder vitaminähnliche Stoffe, wie die folgenden, sollte aber geachtet werden:

Cholin (Vitamin B_4) fördert den Abtransport von Fett aus der Leber und verhindert so eine bei den lange lebenden Stören immer wieder auftretende Leberverfettung. Je schlechter die Qualität des im Futter enthaltenen Eiweißes und je mehr Fett darin enthalten ist, desto höher ist der Bedarf der Tiere an Cholin im Futter (1.000-2.000 mg/kg B_4).

Inosit wurde früher manchmal zu den B-Vitaminen gerechnet, heute ist der Vitamincharakter aber umstritten. Inosit greift in den Kohlenhydratstoffwechsel der Tiere ein und fördert die Fettverdauung. Eine ausreichende Zufuhr mit dem Futter kann die fettige Degeneration der Leber verhindern oder zumindest mildern. Junge Fische sind gegen

Mangel anfälliger als ältere. Je nach Gegebenheit können dem Futter zur Sicherheit 2.000-5.000 mg Myoinosit/kg Futter beigemischt werden, wenn das Futter z. B. in Bezug auf das Verhältnis von Kohlenhydraten, Protein und Fett zueinander schlecht ausbalanciert ist und Leberschäden zu erwarten oder bereits aufgetreten sind. In der Regel sollten 500 mg/kg Myoinosit bei guten Futtermitteln ausreichend sein.

Vitamin C benötigen Störe unter den Bedingungen der Intensivhaltung in ausreichender Menge. Bei Mangel sind häufig Wirbelsäulenverkrümmungen (vor allem beim Sibirischen Stör) zu beobachten. Für Fische unter schlechten Haltungsbedingungen und erhöhtem Stress kann eine Zufuhr von bis zu 1.000 mg/kg Futter positive Auswirkung auf den Zuwachs haben und etwaige Schäden oder Verluste ausschließen, mindestens aber verringern.

Vitamin D fördert die Knochenfestigkeit (Mineralisation). Wegen der besseren Verfügbarkeit ist der Einsatz von Vitamin D_3 im Futter höher zu bewerten als D_2. Jungfische des Russischen Störs, die in Teichen oder Becken mit warmem Wasser (z. B. Kühlwasser-Auslauf) im Freien, also mit Sonneneinstrahlung (natürliche Bildung von Vitamin D durch UV-Strahlung), gehalten wurden, können, nach Umsetzen in geschlossene Gebäude, durch Vitaminmangel eine Wirbelsäulenverkrümmungen aufweisen. Tiere derselben Herkunft, die mit identischem Futter gefüttert wurden und immer in einem Gebäude ohne Sonneneinstrahlung gelebt haben, zeigten diese Verkrümmungen nicht. Die Nutzung von Vitamin D aus der Nahrung (Trockenfutter) ist wohl auch ein Lerneffekt. Jungfische aus Freilandhaltung oder solche mit geringen Reserven an D_3, benötigen für einige Monate, bis sie an die veränderten Verhältnisse angepasst sind, höhere Vitaminmengen im Futter (1.000-2.000 IE D_3).

In zunehmendem Maß werden Futtermitteln Hilfsstoffe wie *Probiotika, Präbiotika, Synbiotika* oder *UFG* Faktoren (Unidentified Growth Factors) zugesetzt, um die Mortalität zu verringern, die Widerstandsfähigkeit gegen Stress und Infektionen (Vitalität) zu erhöhen und die Futterverwertung zu verbessern. Je energiereicher ein Futter ist und je älter die Tiere werden müssen, bevor sie genutzt werden können, desto wichtiger ist es, ihre Gesundheit zu fördern, die Nährstoffverdauung zu erleichtern und den Stoffwechsel zu entlasten. Im Störfutter haben sich derartige Zusätze positiv auf Zuwachs, Vitalität und Mortalität ausgewirkt.

5.2. Futterverabreichung

Die Futtersuche von Stören erfolgt in Phasen: Zuerst wird ein Futterreiz ausgelöst, wenn z. B. der Geruch/Geschmack des Futters bemerkt wird.

Als Folge beginnt der Fisch nach dem Futter zu suchen, indem er in Halbkreisen auf das Futter zu schwimmt. Ist das Futter gefunden, wird probiert und über die Akzeptanz entschieden, indem Konsistenz und Geschmack geprüft werden.

Es gibt einige synthetische Aminosäuren, welche die Suche und Akzeptanz von Futter erheblich verbessern, wie z. B. Glykokoll oder mit neuerem Namen Glycin. Weitere den Geruch und den Geschmack und damit die Akzeptanz von Futter verbessernde Inhaltsstoffe sind bestimmte Öle (z. B. Rotbarsch- oder Dorschleber-Öl), Fischsolubles und Muschelfleisch sowie Squid-, Shrimp- oder Seidenraupenmehl.

Die Maulstellung der Störe erlaubt die Aufnahme von Futter im Freiwasser nur bedingt. Bis auf Hausen und Löffelstör, die vor allem im Freiwasser fressen, nehmen Störe das Futter fast ausschließlich vom Boden auf. Sehr kleine Störe fressen allerdings gerne auf oder an der Wasseroberfläche schwimmendes Futter, wobei sie bei dieser Form der Futteraufnahme mit dem Bauch nach oben schwimmen. Der Anblick eines Beckens mit Störsetzlingen, die teilweise mit dem Bauch nach oben schwimmen – was ja sonst nur sterbende oder tote Fische tun – kann beim ersten Anblick schon erschrecken. Ältere Störe können an der Wasseroberfläche schwimmendes Futter nur unter großen Schwierigkeiten aufnehmen. In Außenanlagen wird es dann häufig von Enten und anderem Wassergeflügel gefressen oder vergammelt. In Kreislaufanlagen wird es ungenutzt in den Klärtrakt gespült und muss dort aufbereitet werden. Es sollte daher immer nur so viel Futter gleichzeitig angeboten werden, wie die Tiere aufnehmen können und/oder wollen.

Schlechte Futterverwertung liegt teilweise weder an der Qualität des Futters noch an schlechten Umweltbedingungen, sondern an einer falschen Fütterungstechnik, einer ungünstigen Beckenform, einer suboptimalen Wasserführung oder einfach an der falschen Pelletgröße. Kleine Setzlinge können nun mal kein 4 oder 6 mm Pellet fressen, ebenso wenig, wie 40 kg schwere Hausen mit 3 mm Pellets zufrieden zu stellen sind, da sie diese nicht als Futter erkennen. Nur von den Fischen gefressenes Futter kann in Zuwachs verwandelt werden. Nicht gefressenes Futter belastet die Umwelt der Tiere, die Klärstufe oder den Vorfluter, in jedem Fall aber den Geldbeutel.

Die Stoffwechselrate eines Fisches ist von seiner Oberfläche abhängig. Diese verringert sich um etwa 20 %, wenn die Masse des Tieres um den Faktor 10 erhöht wird. Wächst z. B. ein Fisch von 10 mg auf 1 kg, reduziert sich seine Stoffwechselrate, auf das Gewicht (Masse) bezogen, um 90 %. Kleine Fische haben daher, wegen der im Verhältnis zur Masse größeren Oberfläche, eine erhöhte Stoffwechselrate und damit einen deutlich höheren Energieverbrauch – auch in Ruhe – als große Fische und nehmen bei Nichtfütterung entsprechend schnell ab. Je nach Lebensumstände des betreffenden Tieres werden alle Stoffwechselvorgänge unterschiedlich stark von verschiedenen Faktoren beeinflusst, wie z. B. Fischgröße, Wasserqualität, Aktivität und Hunger.

Vor Beginn einer Winterung benötigen die Tiere daher eine ausreichende Fettreserve um die Zeit ohne Nahrung gesund zu überstehen. Dies ist der Zeitpunkt, zu welchem Störe auch einen, allerdings geringen, Fettansatz besitzen können und sollten. Ist die Hungerphase, vor allem kleiner Tiere, lang, kann es sein, dass diese nach Beendigung nicht wieder anfangen zu fressen, selbst wenn ihnen Futter im Überfluss angeboten wird. Derartige Tiere verhungern, trotz ausreichendem Futterangebot. Hunger wird von Jung- und Satzfischen, sowie mageren Tieren, deutlich kürzer toleriert oder ertragen als von großen oder Speisefischen. Frisst die Brut nicht, ist sehr schnell zu reagieren. Es ist äußerste Eile geboten, die Ursache zu finden und vor allem zu beseitigen, weil sonst die Fische verhungern.

Bei den Fütterungsempfehlungen aller Futtermittellieferanten fällt auf, dass keine Unterschiede zwischen den verschiedenen Störarten gemacht werden. Zumindest in der täglich verabreichten Futtermenge sollte auf die doch recht unterschiedlichen Verhaltensweisen der verschiedenen Spezies und auf den daraus resultierenden Energiebedarf Rücksicht genommen werden. Außer beim Hausen, als reinem Raubfisch und dem Löffelstör als Planktonfiltrierer, ist das natürliche Nahrungsspektrum aller Arten recht ähnlich, so dass in der Zusammensetzung des Futters der jeweiligen Entwicklungsstufe oder Altersklasse keine großen Unterschiede gemacht werden müssen. Ein spezielles Futter für Hausen ist wohl nicht zwingend nötig, da die Tiere nach eigener Erfahrung gut mit gängigen Störfuttermitteln zurechtkommen.

5.2.1. Brütlinge

Sobald die Brut den Dottersack aufgebraucht hat und der sich im Spiraldarm befindliche Melanin-Pfropfen ausgeschieden wurde, sind die Larven zur aktiven Nahrungsaufnahme bereit. Je nach Temperatur ist damit 9-12 Tage nach dem Schlupf zu rechnen. Um die Tiere an den Geruch und Geschmack des auf sie wartenden Futters zu gewöhnen, können bereits geringe Mengen in die Becken gegeben werden, sobald die Tiere zu schulen begonnen haben. Derart findet eine gewisse Gewöhnung an das Geruchs- oder Geschmacksmuster des jeweiligen Futters statt.

Störsetzlinge in zwei Langstrombecken mit einem Futterautomaten. (Foto: P. Steinbach)

Jungstöre in einem Rundstrombecken unter einem Futterautomaten. (Foto: P. Steinbach)

Sobald der Melanin-Pfropfen ausgeschieden ist, erscheinen Verdauungsenzyme im Magen und Darmtrakt der Larven. Ab diesem Zeitpunkt sind sie bereit Futter aufzunehmen und können es verdauen. Auf Grund der Eigenschaften der zu Beginn gebildeten Enzyme ist es angebracht, in der ersten Zeit Naturfutter und Trockenfutter mit niedermolekularen Proteinen zu verabreichen und später, etwa 44 Tage nach dem Schlupf, auch langkettige Proteine, wie etwa Fischmehl. Ab dieser Zeit können die Tiere auch Pepsin, das zur nennenswerten Verdauung von langkettigen Proteinen nötig ist, selbst bilden. Fette und kurzkettige Kohlenhydrate werden etwa 16-18 Tage nach Schlupf verdaut, da die nötigen Enzyme ab diesem Zeitpunkt vorhanden sind.

Anfänglich erhalten die Brütlinge Futter im Überfluss, etwa 50 % der Lebendmasse pro Tag, wenn möglich 24 h am Tag über Futterautomaten. Sobald die Masse der Brut frisst, wird die angebotene Menge auf 30 % der Lebendmasse zurückgenommen. Von entscheidender Wichtigkeit ist, dass die Becken so sauber wie möglich gehalten werden. Zweimal am Tag werden tote Fische, nicht gefressenes Futter und Kot aus den Becken entfernt. Wird die tägliche Reinigung nicht sorgfältig durchgeführt, hat man bald mit Mortalität, Kümmerern, Infektionen, Flossen- und Kiemenproblemen sowie abnehmender Wasserqualität zu kämpfen. Russische Störe bleiben auch nach Beginn des Fressens eher in Gruppen zusammen, die übrigen Arten verteilen sich über das gesamte Becken.

Ein gutes, brauchbares, zum Anfüttern der meisten gängigen Störspezies geeignetes Futter besitzt einen Proteingehalt von etwa 48-52 %, einen Fettgehalt von 9-11 % und 1,0-1,8 % Phosphor. Die Balance von Calcium und Phosphor ist wichtig, um Deformationen der Flossen möglichst niedrig zu halten oder ganz zu vermeiden. Nachdem die Tiere dieses Futter in den ersten Wochen bis zu einem Stückgewicht von etwa 5 g erhalten haben, kann auf ein Futter mit höherem Protein- und Fettgehalt umgestellt werden. Dieses Futter kann je nach Hersteller und Produktionsziel (Zier-, Besatz-, Speise- oder Kaviarfische) einen Proteingehalt von etwa 50-60 %, einen Fettgehalt von 12-14 % und eine Rohfaser von 0,5-0,8 % aufweisen. Der Anteil an Kohlenhydrate sollte, wie immer für Störe, so niedrig sein wie herstellungstechnisch darstellbar.

Die täglich nötigen Futtermengen richten sich nach Wassertemperatur und Futterzusammensetzung, wobei das erste Futter in der Menge gegeben wird, die von den Fischen gut und schnell aufgenommen wird. In Prozenten ausgedrückt bewegt sich die täglich verabreichte Futtermenge unter optimalen Bedingungen (Wasserqualität) im Bereich der folgenden Tabelle. Wird das angebotene Futter nicht in kurzer Zeit

(<5 Minuten) restlos gefressen, wird die Futtermenge zurück genommen. Der Bestand wird in solchen Fällen genauestens beobachtet um sicher zu gehen, dass die verringerte Fressaktivität nicht auf Mängel der Wasserqualität (z. B. Sauerstoff) oder den Befall mit Krankheiten (z. B. Parasiten) zurück zu führen ist.

Wassertemperatur (°C)		**10-12**	**12-14**	**14-16**	**16-18**	**18-20**	**20-22**	**22-24**
Fischgröße	Futtergröße	Tägliche Futtermenge (in % vom Körpergewicht)						
<0,2 g	0,1-0,2 mm	3,4-4,6	4,3-4,8	5,0-5,6	5,6-6,8	6,8-7,8	7,8-8,8	7,6-8,5
<0,5 g	0,2-0,5 mm	3,2-4,0	4,0-4,5	4,5-5,0	5,0-6,0	6,0-7,0	7,0-8,0	7,0-7,5
<2,0 g	0,5-0,8 mm	2,5-3,0	3,0-3,5	3,5-3,9	3,9-4,5	4,5-5,7	5,7-6,7	5,5-6,4
<5,0 g	0,8-1,2 mm	1,5-2,0	2,0-2,6	2,6-3,2	3,2-3,7	3,7-4,0	4,0-4,5	4,0-4,2

5.2.2. Setzlinge

Tiere über 5 Gramm Körpergewicht können, sobald sie stark auseinander gewachsen sind, das erste Mal sortiert werden, um den beiden Sortierungen (<5 g klein und groß >5 g) ein ihrer Größe entsprechendes Futter anzubieten. Die Futterzusammensetzung kann sich für die größeren Tiere ändern. Sie beträgt dann etwa 48-58 % Protein, 14-18 % Fett, 1-2 % Rohfaser und 1,3-1,9 % Phosphor. Verdauliche Kohlehydrate sollten wie immer im Futter nur so wenig, wie zur Herstellung erforderlich ist enthalten sein.

Wassertemperatur (°C)		**10-12**	**12-14**	**14-16**	**16-18**	**18-20**	**20-22**	**22-24**
Fischgröße	Futtergröße	Tägliche Futtermenge (in % vom Körpergewicht)						
5-10 g	1,2-1,5 mm	1,2-1,8	1,8-2,2	2,2-2,5	2,5-3,0	3,0-3,8	3,8-4,2	3,5-4,0
10-30 g	1,5-2,0 mm	0,8-1,0	1,0-1,5	1,5-2,0	2,0-2,5	2,5-3,0	3,0-3,8	2,5-3,5
30-100 g	2,5-3,0 mm	0,3-0,5	0,4-0,6	0,6-1,0	0,7-1,2	0,8-1,3	1,0-1,8	0,8-1,6
100-500 g	3,0-4,5 mm	0,1-0,2	0,2-0,3	0,3-0,4	0,5-0,7	0,8-0,9	0,7-1,3	0,6-1,1

Die angegebenen Futtermengen sind Empfehlungen und kein Gesetz. Der jeweilige Bestand muss aufmerksam beobachtet werden und die Fütterung muss immer an das Fressverhalten der Tiere angepasst werden. Dabei muss immer im Auge behalten werden, dass die verschiedenen Störarten auf Grund ihrer Verhaltensmuster unterschiedliche Ansprüche ans Futter stellen. Auch jede Fischcharge oder jeder Durchgang/Jahrgang ist unterschiedlich im Wachstum und damit auch im Fressverhalten. Sieht man eine bedarfsgerecht angepasste Fütterung als nicht so wichtig an und füttert mehr „freihändig", sollte man nicht überrascht sein, wenn die Ergebnisse mal gut und mal weniger gut ausfallen. In jedem Fall sind die erzielbaren Ergebnisse schlecht bis nicht planbar.

Alle Gewichtsangaben in den Tabellen beziehen sich nicht auf den Sterlet, da dieser mit einem Gewicht von 200 g bereits geschlechtsreif sein kann.

Die Reduzierungen der Futtermengen mit steigendem Gewicht setzen bei ihm bereits ab etwa 5 g ein. Danach sind die Fische genau zu beobachten und angepasst an Appetit und Entwicklung zu füttern.

Der Sibirische Stör ist wohl die ruhigste Art. Er schwimmt deutlich weniger aktiv als die übrigen und neigt weniger zum Springen, daher ist sein Energie- und auch Sauerstoffbedarf geringer. Bei derselben Futterqualität benötigt er, unter sonst gleichen Bedingungen, etwa 10-20 % weniger Futter. Bei in den Tabellen angegebenen Futtermengen ist zu erwarten, dass Sibirische Störe mit den jeweils geringeren prozentualen Futtermengen gut auskommen. Erhalten sie dieselben Mengen wie etwa Russischer Stör oder Sternhausen, verfetten sie in recht kurzer Zeit. Oberhalb von 22 °C ist anzuraten, Sibirischen Stören ein spezielles Sommerfutter zu verabreichen, welches den Stoffwechsel wenig belastet, wodurch eine sonst häufig zu beobachtende Mortalität bei hohen Temperaturen vermieden wird oder ganz ausbleibt. Ein derartiges Futter weist einen hohen Anteil immunstimulierende Substanzen (z. B. Hefen, Carotine, Glykane, Glukane) und reduzierte Energiekonzentration auf. Oberhalb von 24 °C ist die Futtermenge bei allen Störarten zu reduzieren und bei Temperaturen von 26 °C und mehr ist die Fütterung ganz zu unterlassen. Unterhalb von 40 % Sauerstoffsättigung unterbleibt die Fütterung am besten völlig. Werden die Tiere in Teichen gehalten, kann es sein, dass die Fruchtbarkeit der Teiche Einfluss auf den Futterbedarf hat. In fruchtbaren Teichen ist weniger zu füttern als in solchen, mit mageren Böden mit wenig oder gar keiner Naturnahrung. Daher nicht versäumen, in regelmäßigen Abständen Probefänge zu machen, um den Ernährungszustand der Störe zu beurteilen und die Futtermenge daran anzupassen. In flachen Teichen kann sich Wildgeflügel (Enten, Gänse, Schwäne) ungefragt am Futter für die Fische beteiligen. Vor allem in großen Teichen (>1 ha) dauert es recht lange bis Störe das Futter finden und etwaige Mitbewohner sind dann schneller zu Stelle. Fruchtbare Teiche neigen immer wieder zur Massenentwicklung von Plankton, wodurch der Sauerstoffgehalt, vor allem morgens, dramatisch absinken kann. In solchen Fällen ist eine Belüftung zur Sauerstoffanreicherung dringend anzuraten. In besonderen Fällen kann es angebracht sein, das Zooplankton mit geeigneten Netzen oder Sieben abzufangen und aus dem Teich zu entfernen oder dort, wo es erlaubt ist, mit geeigneten Mitteln abzutöten.

5.2.3. Größere Fische

Tiere im Gewichtsbereich oberhalb von einem Kilogramm erhalten in der Regel sogenanntes „grow-out“ Futter mit den jeweiligen firmeneigenen Abkürzungen oder Bezeichnungen. Einige Firmen bieten darüber hinaus noch Kaviarfutter an, welches Menge und Größe der Eier erhöhen und deren Qualität verbessern soll. In wieweit diese Futtermittel die Kaviarqualität und -menge wirklich messbar verbessern, kann ich nicht beurteilen. In jedem Fall sind sie aber teurer, als die üblichen Futtermittel. Eine Beurteilung, ob sich ein derartiges Futter lohnt, kann erfolgen, indem ein Bestand geteilt wird und ein Teil spezielles Kaviarfutter und der andere Teil normales Störfutter unter sonst identischen Bedingungen erhält. Der Beginn eines derartigen Versuchs richtet sich nach der Vorgabe des Futterlieferanten bezüglich der Entwicklung der Tiere (Eigröße) und der täglich zu verabreichenden Futtermenge.

Es muss noch einiges an Forschungsarbeit geleistet werden, um ein auf die genauen Bedürfnisse der Störe in den jeweiligen Entwicklungsstadien abgestimmtes Futter zu entwickeln. Die Ansprüche von Tieren ohne Eientwicklung, mit beginnender Eientwicklung, während der Resorption, beim Vorliegen von kleinen weißen, grauen oder fast fertigen Eiern sind durchaus unterschiedlich. Meist befinden sich leider mindestens zwei, wenn nicht mehr Entwicklungsgruppen in einem Bestand (Teich, Kanal, Becken), so dass ein gezieltes, auf eine Entwicklungsstufe abgestimmtes Füttern, nicht ohne vorheriges Sortieren möglich ist.

Die Futterzusammensetzung sowie die Futtermenge sind unter Normalbedingungen immer ein Kompromiss, der auf den Entwicklungsstand der Masse des Bestandes abzielt. Futter für Störe mit einem Körpergewicht >1 kg enthält 44-48 % Rohprotein, 15-19 % Rohfett, max. 15-18 % Kohlenhydrate, 2-4 % Rohfaser und 1,0-1,5 % Phosphor.

Als Kaviarfutter wird häufig eines im Proteingehalt im Bereich von 50 bis 60 % und im Fettgehalt zwischen 10 und 12 % angeboten. Der Gedanke dabei ist, dass Fett im Futter die Ovarien fett macht – daher wird es gering dosiert – und der Proteingehalt Menge und Qualität des Kaviars positiv beeinflusst – daher wird es hoch dosiert. Das meiste Fett in den Ovarien stammt jedoch relativ häufig nicht aus zu viel Fett im Futter, sondern aus zu vielen verdaulichen Kohlehydraten und schlicht und einfach aus zu starker Fütterung. Auch knappe Sauerstoffwerte können bei reichlicher (nicht angepasster) Fütterung zur Verfettung beitragen. Daher gilt immer wieder die Empfehlung: Fische beobachten und die Futtermenge immer wieder an die Entwicklung der Tiere anpassen.

Aus eigener Erfahrung in einer Reihe von Anlagen (Kreislauf, Fließkanal, Naturteich) zu empfehlende Futtermengen großer Fische unter optimalen Bedingungen, finden sich in der unten stehenden Tabelle. Dabei sind die Daten für ruhige Arten wie Sibirischen Stör und großen Arten wie Hausen mit A, aktive Arten wie Russischer Stör und Sternhausen mit B und kleine

Arten wie Sterlet mit C gekennzeichnet. Die Futtergröße beträgt dabei 4-9 mm, bei sehr großen Fischen auch 9-12 mm oder manchmal auch noch darüber. Der Futter-Quotient (FQ) ergibt sich aus: kg Futter/kg Zuwachs.

Stör-Typ		A	B	C
Fischgröße	Futterquotient	Tägliche Futtermenge (in % vom Körpergewicht)		
0,5-1,0 kg	1,2-1,5	0,6-1,1	0,7-1,3	0,5-0,8
1,0-3,0 kg	1,5-2,0	0,4-0,8	0,5-0,9	0,2-0,3
3,0-6,0 kg	2,0-2,5	0,3-0,4	0,4-0,5	0,1-0,2
6,0-8,0 kg	2,5-3,0	0,3-0,4	0,4-0,5	-
8,0-20 kg	3,0-4,5	0,2-0,3	0,3-0,4	-
>20 kg	4,0-5,0	0,1-0,2	0,3-0,4	-

Werden die obigen Tabellenwerte als Optimum angesehen, werden für schlechte oder geringe Sauerstoffsättigung und unterschiedliche Temperaturbereiche Abschläge (siehe untere Tabelle) der obigen Mengen angeraten. Weniger Futter als in der Tabelle angegeben, schadet seltener, als mehr Futter wie in der Tabelle angegeben, solange sich die Tiere nicht „großhungern“ müssen.

Bei allen größeren Fischen, oberhalb von 3-4 kg, schadet es nicht, einen Tag pro Woche mit der Fütterung auszusetzen. Dabei wird das an diesem einen Tag eingesparte Futter allerding nicht am nächsten Tag zusätzlich zur Normalration gegeben. Dieser eine Hungertag fördert das Fressverhalten, die Lebergesundheit und verhindert oder verringert zumindest etwaigen übermäßigen Fettansatz in den Ovarien. Richtig große Tiere oberhalb von 30 kg sind auch nicht nachtragend, wenn sie zwei Tage pro Woche nicht gefüttert werden.

Stör-Typ		A	B/C	A	B/C
Temperatur	Futter-Typ	Tägliche Futtermenge (in % der Optimalrate)			
Sauerstoffsättigung		>50 % O_2		>70 % O_2	
<4 °C	Normalfutter	0	0	0	0
4-6 °C	Normalfutter	0	0	10	0
6-10 °C	Normalfutter	15	10	20	25
10-14 °C	Normalfutter	45	25	55	45
14-16 °C	Normalfutter	65	55	75	65
16-18 °C	Normalfutter	85	80	90	85
18-22 °C	Normalfutter	90	95	100	100
22-24 °C	Sommerfutter	75	90	100	100
24-26 °C	Sommerfutter	25	40	60	80
26-28 °C	Sommerfutter	10	30	30	50
>28 °C	Sommerfutter	0	0	5	10

Die Daten in obigen Tabellen zur täglichen Futtermenge basieren auf Futterqualitäten mit 42-46 % RP (Rohprotein) und 16-18 % RF (Rohfett). Werden andere Qualitäten eingesetzt, können sie entsprechend ihres

Energiegehaltes umgerechnet werden. Die Umrechnung kann unter Zugrundelegung einer auf dem Brutto-Energiegehalt basierenden Rechnung durchgeführt werden:

Rohprotein	= 0,239 MJ/%
Rohfett	= 0,398 MJ/%
Kohlenhydrate	= 0,175 MJ/%
Rohfaser	= 0,201 MJ/%

Kohlenhydrate werden oft als NfE (= Stickstoff (N) freie Extraktstoffe) angegeben. Rohfaser bleibt bei der späteren Berechnung unberücksichtigt, da sie für Störe praktisch unverdaulich ist. 1 MJ (Mega Joule) = 0,001 kJ (Kilo Joule). Bei Bedarf, z. B. zum Vergleich von Daten aus älterer Literatur, kann eine Umrechnung von Joule (kJ) in Kalorien (kcal) vorgenommen werden: 1 kJ = 0,24 kcal oder 1 kcal = 4,19 kJ.

Die Aufzucht der Störe bis zur Kaviarreife, egal ob im Kreislauf oder Durchlauf, kann in Becken, Kanälen, Teichen oder Gehegen erfolgen. In welcher Haltungseinrichtung auch immer die Störe gehalten werden, das wichtigste ist die Wasserqualität.

Literatur:
Chebanov & Galich, 2013; Gille et al., 2017; Hochleithner, 2012; Mims et al., 2002; Steffens, 1985; Steinbach, 2018; Williot et al., 2018;

6. WASSERQUALITÄT

Die erfolgreiche Aufzucht und Haltung von Stören setzt eine bestimmte Wasserqualität voraus. Die wichtigsten im Auge zu behaltenden Parameter sind Gassättigung (O_2, CO_2, N_2), Stickstoffverbindungen (NH_3, NO_3, NO_2, HNO_2), und Kalkgehalt (pH, SBV, °dH).

Werden die diesbezüglichen Vorgaben missachtet, ist recht bald mit Schäden am Bestand zu rechnen. Man kann nicht erwarten, dass Fische, die gerade so am Leben bleiben und immer wieder gegen Kiemenschwellung oder sonstige Beeinträchtigungen zu kämpfen haben, in der Lage sind, letztendlich Kaviar in ausreichender Menge, Qualität und nach möglichst kurzer Zeit hervorbringen. Je nach Grad und Dauer der Unter- oder Überschreitung der Grenzwerte ist mit nachlassender Fresslust, schlechter Futterverwertung, zunehmender Krankheitsanfälligkeit und erhöhter Mortalität zu rechen (*Steinbach, 2018*). Alle Symptome können schleichend und damit schlecht zu erkennen sein oder massiv auftreten.

Die in der folgenden Tabelle (*Schreckenbach, 2002*) genannten Grenzwerte sind praxistauglich und die beiden als obere und untere eingeschränkte Bereiche bezeichneten Spalten sollten als unbedingt einzuhaltende Grenze betrachtet werden. Die als kritisch bezeichneten Werte sind möglichst zu meiden, da sonst die ersten Schwierigkeiten mit den Fischen auftreten können.

Parameter	Einheit	Kritisch -	Einge-schränkt	Optimal	Einge-schränkt	Kritisch +
pH-Wert	pH	>5,5	6,0-6,9	7,0-8,3	8,4-10	<10,5
Sauerstoff O_2	mg/l	>3,0	4,0-4,9	5,0-30	31-35	<40
Kohlendioxid CO_2	mg/l	>0,5	1-6	7-18	19-20	<25(3)
Stickstoff N_2	%	-	-	<100	100-103	<105
Ammoniak NH_3	mg/l	-	-	<0,02	0,02-0,1	<0,2(1)
Salpetrige Säure HNO_2	mg/l	-	-	<0,0004	0,0004-0,001	<0,004(2)
Nitrit NO_2	mg/l	-	-	<1	1-3	<5(2)
Nitrat NO_3	mg/l	-	-	<200	200-300	<400

Anmerkungen:
(1) Abhängig vom Proteingehalt und Energie/Protein-Verhältnis des Futters;
(2) Bei Cl^-/NO_2-N Verhältnis >8 bis <17 werden auch höhere NO_2 Gehalte ertragen;
(3) Bei hohen SBV und O_2 Konzentrationen werden auch höhere CO_2 Gehalte toleriert.

6.1. Gassättigung

Im Wasser sind neben Sauerstoff (O_2) auch andere Gase wie Kohlendioxid (CO_2) und Stickstoff (N_2) gelöst, die sich prinzipiell gegenseitig verdrängen können. Wichtig neben der Sättigung einzelner Gase ist dabei die prozentuale Gesamtgassättigung, die eine Aussage darüber gibt, wie stark das Wasser insgesamt mit Gasen gesättigt ist. Befinden sich die Gasmengen, die der individuellen Löslichkeit, der Temperatur und dem Partialdruck entsprechen, gelöst in einer Flüssigkeit (z. B. Wasser, aber auch Blut), ist diese Flüssigkeit mit dem jeweiligen Gas gesättigt. Befindet sich in dieser Flüssigkeit mehr Gas(e) gelöst, als der individuellen Löslichkeit, der Temperatur und dem Partialdruck entsprechen, ist sie übersättigt. Die überschüssige Gasmenge trachtet danach aus der Lösung in den gasförmigen Zustand überzugehen und als Gasblase auszuperlen. Turbulenzen im übersättigten Wasser fördern den Ausgleich bis zur Sättigung (*Steinbach, 2018*).

Der Grad der Übersättigung ist von dem Grad der Änderung von Temperatur und/oder Druck (Wassertiefe) abhängig. Da das Blut der Fische nur die Gasmenge in Lösung halten kann, die dem herrschenden Umgebungsdruck entspricht, kommt es bei plötzlichem Druckabfall oder Temperaturerhöhung zur Bildung von Gasblasen im Blut der Tiere. Die sich bildenden Gasblasen sind dann durch Blutgefäße, Gewebe und Membranen im Fisch gefangen und können ihn nicht schnell verlassen. Sie bleiben so lange im Fisch, bis durch Diffusion über Haut und Kiemen der Überschuss an Gas an das Wasser abgegeben ist. Je nach Grad der Gasübersättigung treten – teilweise auch von außen sichtbar – unter der Schleimhaut, im Auge, im Kiemengewebe oder in den inneren Organen Gasbläschen auf, die zu Gewebezerreißungen und/oder Embolien führen. Die damit einhergehenden Schäden äußern sich durch erhöhte Krankheitsanfälligkeit, Kiemenschäden oder Tod der Fische. Wird die Ursache der Gasübersättigung beseitigt, können sich die Fische wieder erholen.

Der Gehalt an Sauerstoff (O_2) hat wesentlichen Einfluss auf die Aktivität und das Wachstum der Fische. Er hängt neben der Temperatur und Salinität des Wassers auch vom Luftdruck ab. Nur wenn für Stoffwechsel/Verdauung genügend Sauerstoff vorhanden ist, kann optimaler Zuwachs erzielt werden. In geringem Umfang ist eine länger dauernde Gewöhnung an einen niedrigen, nicht den optimalen Werten entsprechenden Sauerstoffgehalt ohne merkliche Wachstumsverschlechterung möglich. Ist Sauerstoff knapp, kann ein Fisch unter Energieverbrauch seine Atembewegung durch stärkere Kiemen- und Maulbewegungen beschleunigen oder die Atemtiefe erhöhen.

Der Sauerstoffverbrauch von Fischen hängt von der Stoffwechselrate (Metabolismus) ab. Diese steigt mit steigender Aktivität. Die Wachstumsrate junger Störe ist nach *Olifan* (in *Williot et al., 2018)* bei 21 °C und 60 % Sättigung um 20 % reduziert, und bereits um 43 % bei 48 % Sättigung. Nach *Belaud* in derselben Veröffentlichung, kann man den Sauerstoffbedarf des Standardstoffwechsels mit 1,5 multiplizieren, um den Sauerstoffbedarf des Aktivitätsstoffwechsels bei ad libitum Fütterung zu erhalten. Für den Aktivitätsstoffwechsel beim Sibirischen Stör kann man bei 15 °C von einem Sauerstoffverbrauch von etwa 85 mg/kg/h und bei 20 °C von 100 mg O_2/kg Körpergewicht ausgehen. Da der Sibirische Stör von allen Arten, auf Grund seiner "Gelassenheit", wohl den niedrigsten Grundumsatz aufweist, kann man bei den übrigen Arten von einem 10-15 % höheren Grundumsatz und damit Sauerstoffbedarf ausgehen.

Wird der Sauerstoffbedarf eines Störbestandes geschätzt, liegt man auf der sicheren Seite, wenn für alle Arten, pro Kilogramm verabreichtem und gefressenem Futters, etwa 350 g O_2 als Verbrauch durch die Fische zugrunde gelegt werden. Der Sauerstoffverbrauch zur biologischen Reinigung des Wassers ist in dieser Menge nicht berücksichtigt, ebenso wenig wie der Unterschied im Sauerstoffbedarf zur Verdauung zwischen Futtermitteln mit hohem oder niedrigem Energiegehalt. Hoher Energiegehalt = höherer Sauerstoffbedarf.

Kohlendioxid (CO_2) ist das Ausscheidungsprodukt der Dissimilation bzw. der Atmung aerober Organismen. Von dem von den Fischen zur Atmung aufgenommenem Sauerstoff wird etwa die 1,4-fache Menge an Kohlendioxid abgegeben. Vor allem in saurem Wasser (pH <7) können Probleme und Schäden auftreten, die letal wirken können. Hohe Sauerstoffkonzentrationen, hohe Wasserhärte (>11,2 °H) und gute Energiereserven helfen Schäden zu vermeiden. Kurzzeitprobleme sind an Atemnot, Unruhe und Taumeln erkennbar. Langzeitschäden äußern sich in schlechter Futterverwertung, verringertem Wachstum und Nierenschädigungen (*Steinbach, 2018*).

6.2. Stickstoffverbindungen

Stickstoff (N) gelangt, neben der Belüftung, vor allem als Produkt der Proteinverdauung von Fischen in Form Ammoniak (ca. 90 %) oder Harnstoff (ca. 10 %) ins Wasser. Nitrifizierende Bakterien im Gewässer oxidieren dabei, unter sauerstoffreichen (aeroben) Bedingungen, fischgiftiges Ammoniak/Ammonium (NH_3/NH_4) über Nitrit (NO_2) zum relativ ungiftigen Nitrat (NO_3). Denitrifizierende Bakterien im Gewässer reduzieren, unter sauerstofflosen (anoxischen) Bedingungen, Nitrat (NO_3) über mehrere Schritte zu gasförmigem Stickstoff (N_2) als Endprodukt.

Der prozentuale Anteil an fischtoxischem, freiem Ammoniak (NH_3) an der Ammoniumkonzentration (NH_4) hängt neben der Temperatur und Salinität des Wassers wesentlich vom pH-Wert ab (siehe folgende Tabelle).

°C	pH-Wert								
	6,0	6,5	7,0	7,5	8,0	8,5	9,0	9,5	10,0
10	0,02	0,06	0,19	0,59	1,83	5,56	15,7	27,1	65,1
15	0,03	0,09	0,27	0,86	2,67	7,97	21,5	46,4	73,3
20	0,04	0,13	0,40	1,24	3,82	11,2	28,4	55,7	79,9
25	0,06	0,18	0,57	1,77	5,38	15,3	36,3	64,3	85,1
30	0,08	0,25	0,80	2,48	7,46	20,3	44,6	71,8	89,0

Ähnlich wie zwischen Ammonium (NH_4) und Ammoniak (NH_3) besteht zwischen Nitrit (NO_2) und Salpetriger Säure (HNO_2) ein von pH-Wert und Temperatur abhängiges Gleichgewicht (siehe folgende Tabelle). Allerdings gilt anders als bei Ammoniak: je niedriger (saurer) der pH-Wert, desto höher ist der prozentuale Anteil an salpetriger Säure und damit die Gefahr für die Fische (*Bohl, 1999*).

°C	pH-Wert								
	6,0	6,1	6,2	6,3	6,4	6,5	6,6	6,7	6,8	6,9
10	0,290	0,231	0,183	0,146	0,116	0,092	0,073	0,058	0,046	0,037
15	0,265	0,210	0,168	0,133	0,105	0,084	0,067	0,053	0,041	0,033
20	0,242	0,192	0,153	0,121	0,096	0,077	0,061	0,048	0,038	0,030
25	0,220	0,175	0,139	0,110	0,088	0,070	0,055	0,044	0,035	0,028

Anmerkung: Für andere pH-Werte Multiplikation mit folgenden Faktoren – für pH 7,0-7,9: Tabellenwert x 10^{-1}, pH 8,0-8,9: Tabellenwert x 10^{-2}, pH 9,0-9,9: Tabellenwert x 10^{-3}

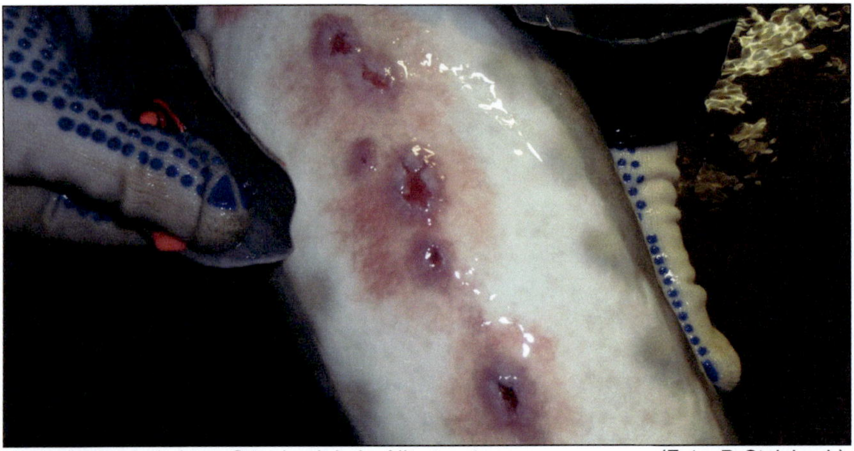

Hautschäden bei einem Stör durch hohe Nitratwerte. (Foto: P. Steinbach)

Nitrat (NO_3) ist deutlich weniger schädlich für Fische als Ammonium/ Ammoniak oder Nitrit/Salpetrige Säure. Hohe Nitratgehalte, oberhalb von 300-400 mg/l, stellen jedoch einen nicht unerheblichen Stressor für Störe dar und können für Hautgeschwüre, nachlassende Futteraufnahme und schleichende Verluste verantwortlich sein (*Steinbach, 2018*).

6.3. Kalkgehalt

Der Kalkgehalt des Wassers lässt sich auf verschiedene Weise angeben und hat Auswirkungen auf den pH-Wert, das Säurebindungsvermögen und den Härtegrad.

Der pH-Wert ist das Maß für die Konzentration an Wasserstoffionen in einer Flüssigkeit. Die Skala geht von 0-14, wobei pH 0 sehr stark sauer ist, pH 7 dem Neutralpunkt entspricht und pH 14 sehr stark alkalisch ist. Ob eine wässrige Lösung sauer, neutral oder basisch reagiert, hängt vom Verhältnis der H^+ zu den OH^- Ionen ab. Überwiegen die H^+ Ionen, ist die Lösung sauer, überwiegen die OH^- Ionen, ist die Lösung alkalisch (basisch), befinden sich beide im Gleichgewicht, ist die Lösung neutral.

Zu hohe oder zu niedrige pH-Werte haben negative Auswirkungen auf Fische. Er hat auch einen wesentlichen Einfluss auf die Toxizität von anderen Wasserinhaltsstoffen. Der pH-Wert beeinflusst Enzymaktivität und Funktion von Organen und Organellen wasserlebender Organismen ebenso, wie bei den Fischen den Übergang oder die Abgabe von Ammoniak (NH_3) und Kohlendioxid (CO_2) über die Kiemen ins Blut oder Wasser (*Steinbach, 2018*).

Der pH-Wert eines Gewässers wird von der Versauerung aus der Luft (Regen, Schnee) und der Neutralisation aus dem Gestein (Kalkstein) beeinflusst. Die Stoffwechseltätigkeit von Pflanzen, Fischen und anderen Organismen kann den pH-Wert ebenfalls verändern. Darüber hinaus entsteht beim Abbau organischer Verbindungen CO_2, welches durch Bildung von Kohlensäure ebenfalls zur pH-Senkung beiträgt. Bei der Photosynthese hingegen wird CO_2 verbraucht, wodurch der pH steigen kann, dabei ist die Stärke sämtlicher pH-Änderungen von der Pufferkapazität des Wassers abhängig. Diese lässt sich als Säurebindungsvermögen messen (*Steinbach, 2018*).

Das Säurebindungsvermögen (SBV) hängt vom Kalkgehalt ab, denn je höher der Kalkgehalt des Wassers, desto mehr H^+ Ionen kann es abpuffern. Um schnelle und starke pH-Schwankungen nach unten (<7) zu vermeiden, sollte das SBV >1 mval/l betragen. Die Karbonathärte, welche den deutschen Härtegraden (°dH) entspricht, kann vom Säurebindungsvermögen berechnet werden: SBV (mval/l) x 2,8 = °dH.

6.4. Weitere Parameter

Natürlich gibt es noch weitere Parameter, welche die Wasserqualität beeinflussen können, wie Metalle (Fe, Mn, Cu, Zn) und deren Salze (= Verbindung aus der Reaktion einer Säure mit einem Metall). Für Störe gelten diesbezüglich dieselben Richt- bzw. Grenzwerte wie für alle anderen Fischarten auch. Eine Einführung in die Wasserchemie und weitere Parameter für die Wasserqualität finden sich bei *Steinbach* (*2018*).

Netzgehege für Störe in einem See mit guter Wasserqualität. (Foto: M. Hochleithner)

Literatur:

Bohl, 1999; Schreckenbach, 2002; Steinbach, 2018; Williot et al., 2018;

7. KRANKHEITEN

Auch wenn Störe recht robust sind, können sie, wie andere Fische auch, krank werden. Die beste Krankheitsbekämpfung besteht in der Vorbeugung durch die Schaffung möglichst optimaler Haltungsbedingungen. Die wichtigsten prophylaktischen Maßnahmen bestehen darüber hinaus in der Beachtung der Hygiene, dem Einkauf von gesunden Setzlingen und/oder größeren Tieren, einer der Fischentwicklung angepassten Fütterung und der täglichen Überwachung der Fischbestände und Wasserqualität.

7.1. Krankheitsvermeidung

Wird ein Einschleppen und Ausbreiten von Krankheitserregern und Parasiten verhindert, braucht man sich mit den aus ihnen resultierenden Krankheiten logischerweise gar nicht auseinanderzusetzen. An Fließgewässern sind Oberlieger, die es mit der Hygiene und den daraus resultierenden Problemen nicht so genau nehmen, schon mal ein Ärgernis und leider immer wieder zu finden. Fischzucht in Kreislaufanlagen hat den Vorteil derartige Probleme nahezu ausschließen zu können, sofern das Austauschwasser nicht unbehandelt einem offenen Gewässer wie z. B. einen Bach, einem Fluss oder einem See entnommen wird, und die Tiere gesund in die Anlage gelangt sind. Die Beachtung von Kleinigkeiten und eigentlich als Selbstverständlichkeit anzusehende Vorgehensweisen können sehr hilfreich sein, wie etwa:

- Fische (Setzlinge jedweder Größe und auch Kaviarfische) von außerhalb des eigenen Betriebes sollten aus möglichst wenig verschiedenen anderen Betrieben zugekauft werden.
- Betriebe, aus denen zugekauft wird, sollten in jedem Fall über längere Zeit vom zuständigen Fischgesundheitsdienst überwacht und für unbedenklich befunden worden sein.
- Wiederkehrende, regelmäßige Untersuchungen sollten dokumentiert werden (seriöse Verkäufer erlauben einen Einblick in die Befunde).

Bei Zukauf aus dem Ausland ist die Einhaltung der vorgeschlagenen Vorgehensweise nicht immer leicht, so dass ein Restrisiko zu tragen ist. Die sicherste Art Schäden und Ärger zu vermeiden, besteht darin, neue Tiere immer zunächst separat, ohne Kontakt zum Rest des eigenen Bestandes zu halten. Auch Kescher und sonstige mit den Tieren in Berührung kommende Gegenstände sind separat zu halten und schnellstmöglich zu desinfizieren. In solchen Fällen sollte man auch das zwischen Quarantäne und Restbetrieb pendelnde Personal und dessen Kleidung (Stiefel, Schürze, Regenzeug, usw.) nicht vergessen. Betriebe, die über mehrere Jahre einer ständigen Veterinärkontrolle unterliegen und dies auch nachweisen können, sind als Lieferanten immer zu bevorzugen. Qualität und Aufzucht von Fischen erfordern Zeit, Sorgfalt und Aufmerksamkeit. Sehr billige Fische sind ganz selten sehr gute.

Die Vorhaltung eines Quarantäne Bereichs, Beckens oder Kreislaufs, wohin alle neu eingekauften Fische verbracht und bei Bedarf behandelt werden, kann sich sehr schnell bezahlt machen, vor allem wenn man auf permanenten Zukauf von Fischen angewiesen ist. Sofern die Möglichkeit besteht, sollten alle Tiere in der eigenen Anlage produziert werden, wodurch die Gefahr der Einschleppung von Krankheiten minimiert werden kann. Man hat dann „nur“ mit den eigenen, bereits vorhandenen und gut bekannten Erregern zu kämpfen.

In jedem Betrieb entwickelt sich mit der Zeit eine betriebsspezifische Mischung aus unterschiedlichen Mikroorganismen, die unter bestimmten Voraussetzungen die Fische schädigen können. Sie sind fakultativ pathogen; das heißt nur unter bestimmten Bedingungen krank machend. Den Fischen in derartigen Anlagen geschieht in der Regel nichts, sie können sogar eine gegen die speziellen Erreger gerichtete Immunität erworben haben. Erst wenn Fische aus verschiedenen Anlagen, mit ihren unterschiedlichen fakultativ pathogenen Mikroorganismen gemischt werden, kommt es häufig zum Krankheitsausbruch – dann aber leider bei allen Fischen. Die Erreger der „alten“ Fische infizieren die „neuen“ und umgekehrt, da das vorher vorhandene Gleichgewicht von Fisch und Erreger gestört ist.

Zulaufendes Wasser zu allen Haltungsformen lässt sich mit UV-Bestrahlung und sehr feinen Trommelfiltersieben (<20 µm) gegen das Einschleppen oder Einwandern von Parasiten schützen. Ein zeitweises Leeren/Abfischen einzelner Einheiten (Teich, Kanal, Becken), deren Reinigung, gründliche Desinfektion (z. B. mit Peressigsäure, Branntkalk, Chlorkalk, Formalin, Jodophor) und erneutes in Betrieb nehmen, ist sehr zu empfehlen, um Zwischenwirte (z. B. Schnecken, Planktonkrebse, Wasserasseln oder Insektenlarven) und sonstige schwierig zu bekämpfende und unerwünschte „Untermieter“ auf Dauer loszuwerden.

Reinigung und Desinfektion sind zwei unterschiedliche Vorgänge. Das Arbeitsmaterial wird nach Gebrauch immer zuerst gereinigt und erst dann desinfiziert. Jede Desinfektion ohne vorherige Reinigung ist wirkungslos und nur Verschwendung von Zeit und Geld. Je nach eingesetztem Desinfektionsmittel (Sicherheitsdatenblatt) ist eine Einwirkzeit von einigen Sekunden, bis zu mehreren Minuten notwendig, um eine wirksame Keimreduzierung zu erreichen. Das Reinigen und Desinfizieren leer stehender Anlagen, Teiche, Rinnen oder Becken hilft ebenfalls, die Gefahren zu minimieren, die durch derartige in der Landwirtschaft als „Stallmüdigkeit" bekannte Erscheinungen auftreten können. Kescher werden zweckmäßigerweise in Wasser mit darin gelöster Desinfektionslösung aufbewahrt. Die Desinfektionslösung muss natürlich von Zeit zu Zeit – bevor sie ihre Wirkung zu verlieren droht (z. B. bei Jodophor am Farbumschlag erkennbar) – durch frische ersetzt werden. Kescher werden normalerweise direkt nach der Desinfektion bzw. vor erneutem Gebrauch immer an geeigneter Stelle (Waschplatz, Bodenablauf), außerhalb der Fischbecken, gründlich mit klarem sauberem Wasser gespült, damit das aggressive Desinfektionsmittel nicht die Fische tötet oder zumindest ihre empfindliche Schleimhaut oder Kiemen schädigt. Nach der Desinfektion kann es sich, je nach Desinfektionsmittel und Verwendungszweck, empfehlen, eine gründliche Trocknung vorzunehmen, wie etwa bei einer Flächendesinfektion in Verarbeitungsräumen.

7.2. Krankheitsbehandlung

Virale Erkrankungen können nicht direkt behandelt werden. Beim Weißen Stör sind zwei Herpesviren (WSHV), sowie je ein Adenovirus (WSAV), Papovavirus (WSPV) und ein Iridovirus (WSIV) bekannt. Beim Russischen Stör kennt man einen Iridovirus, dessen Mortalität umso höher ist, je jünger die Tiere bei der Infektion sind. Tiere, welche die Infektion 3-4 Wochen lebend überstanden haben, erholen sich häufig recht schnell. Ob sie weiter Virusträger sind und diesen ausscheiden, ist noch nicht bekannt (aber wohl möglich). Beim Sibirischen Stör sind bisher „nur" Herpesviren festgestellt worden. Nicht nur gegen Viren, sondern gegen alle Krankheiten ist das Beste immer, äußerste Hygiene, gute Haltungsbedingungen, Quarantäne im Fall von Zukäufen und schnellste Reaktion für den Fall, dass doch mal etwas schief geht.

Bakterielle Erkrankungen sind in der Regel dieselben wie bei der übrigen Fischhaltung auch. Ihre Bekämpfung erfolgt nach Bestimmung einer möglichen Resistenz, der Empfehlung des behandelnden Tierarztes. Antibiotika werden meist über oder mit dem Futter verabreicht. Große und wertvolle Elterntiere können auch erfolgreich mit Injektionen behandelt werden.

Parasitäre Erkrankungen können meist recht gut mit verschiedenen Mitteln (Therapeutika) bekämpft werden. Die Einbringung der Wirksubstanz erfolgt langsam, möglichst gleichmäßig verteilt. Dabei erweist sich die Dosierung unter Verwendung einer Verdünnung (Stammlösung) und deren homogener Verteilung mittels Gießkanne über die Oberfläche der Teiche oder Becken als praktikabel (*Steinbach, 2018*).

Wasser, in welchem sich Fische befinden, kann mit Hilfe von Peressigsäure von Parasiten und deren Zwischenwirten befreit werden. Handelsübliche Peressigsäure besteht aus mehreren Komponenten, welche in einem chemischen Gleichgewicht zueinander stehen. Sie zerfällt in Wasser in ihre Ausgangsprodukte Wasserstoffperoxid (H_2O_2) und Essigsäure (CH_3COOH), so dass beim Zerfall keine umweltschädigenden Produkte entstehen, da Essigsäure sehr gut biologisch abbaubar ist. Peressigsäure hat eine höhere Desinfektionswirkung als Ozon und es tritt keine Gewöhnung der bekämpften Organismen auf. Bei allen Dosierungen muss man immer die Wasserhärte im Auge behalten und ein Probebad mit einer kleinen Fischmenge durchführen, da die Wirkung je nach Wasserhärte (pH-Änderung), Fischart und -alter sehr unterschiedlich ist. In Kreislaufanlagen geht man von 1,5-2,0 mg/l als obere Grenze aus, die von Fischen und Reinigungsbiologie toleriert wird, in Durchflussanlagen tastet man sich mit Hilfe der oben beschriebenen Probebäder an die wirksame Konzentration heran.

Interessant sind Erkenntnisse über die Anwendung von Wofasteril mit einem Wirkstoffgehalt von 300 g Peressigsäure/Liter (30 %ig). Über den Desinfektionseffekt im Wasser, als auch durch Wirkung am Tier, kommt es zur erfolgreichen Behandlung von Kiemenschwellung und Verpilzungen. Als weiterer Effekt konnten auch sehr gute Ergebnisse gegen bestimmte fischparasitäre Hakenwürmer (*Gyrodactylus*), Fischegel (*Piscicola*), Wimpertierchen (*Apiosoma, Chilodonella, Trichodina* und *Ichthyophthirius*), Geißeltierchen (*Costia*) sowie sogar gegen virusbedingte Erkrankungen (z. B. Herpesvirus) bei Fischen erzielt werden.

Nach eigenen, häufig gemachten, Beobachtungen findet eine Ausbreitung von Karpfenläusen (*Argulus*) in Becken mit Beton- oder sonstigem festen Boden nicht statt, wenn zum „normalen" Störbestand 10 % an Sterlet gesetzt werden. Der Grund ist wohl darin zu suchen, dass der Sterlet die Störart ist, welche am meisten die Bodenfläche beansprucht und dort wohl die abgelegten Eier und/oder die sich entwickelnden Larvenstadien frisst. Derart verringert sich der Befall, um nach einiger Zeit völlig zu verschwinden.

Literatur:
Amlacher, 1992; Meinelt et al., 2011; Reichenbach-Klinke, 1976; Schäperclaus, 1990; Steinbach, 2018;

8. TRANSPORT

Im Laufe ihres Lebens werden Störe oft transportiert (z. B. zur Sortierung, Hälterung, Verkauf, Schlachtung). Beim Abfischen von Kanälen oder Teichen hat es sich bewährt, die Tiere von Hand in einen an einem Kranausleger hängenden Behälter zu befördern, an welchem sich eine Waage befindet. Diese Behälter besitzen häufig einen großen Auslass oder ein zu öffnendes Netz, so dass die Tiere relativ stressarm behandelt werden können.

8.1. Innerbetrieblicher Transport

Sobald die Bestände so stark auseinander gewachsen sind, dass die großen Tiere die kleineren vom Futter abdrängen oder die optimale Futtergröße (Pelletkörnung) zwischen den kleinsten und größten zwei Stufen beträgt, ist es höchste Zeit, die Tiere zu sortieren. Kleine Setzlinge bis etwa 10-20 g lassen sich noch gut über Roste sortieren. Größere Setzlinge werden meist über Sortiertische in mindestens 2, besser 3 Größen eingeteilt. Ebenso verfährt man bei größeren Stören oder Kaviartieren. In intensiv betriebenen Anlagen (Warmwasser) werden die Tiere dank des schnelleren Wachstums häufiger sortiert als in Teichen oder Kanälen mit den Jahreszeiten folgendem Temperaturverlauf, zumal der Zugang zu den Tieren in Teichen etwas schwieriger ist als in Becken.

Innerbetrieblicher Transport von und zur Sortierposition, erfolgt meist in oben offenen Behältern mit Hilfe von Hubwagen. Sind diese mit einer Waage versehen, lässt sich das Gewicht der verschiedenen Größen leicht ermitteln, wenn die Tiere aus den Behältern gekeschert werden. Eine Probe mit Auszählung und Wiegung von einigen Kilogramm kann genutzt werden, die ungefähre Stückzahl und das Durchschnittsgewicht der jeweiligen Partie zu erhalten. Werden Becken, Teiche oder Gehege mit frisch sortierten Fischen besetzt, sind das Gesamtgewicht sowie das Durchschnittsgewicht zwingend erforderlich, da nur so die passende Futtermenge und Pelletgröße festgelegt werden können.

Hat man weite Wege mit den Fischen zurückzulegen, sind auch Hubstapler mit geschlossenen Transporttanks eine gute Lösung. In jedem Fall ist auf ausreichende Sauerstoffversorgung der Tiere zu achten. Wie bei jedem Handling der Tiere dürfen diese vorher nicht gefüttert werden. Die Dauer richtet sich nach Fischgröße und Wassertemperatur. Brütlinge sollten nicht mehr als einen Tag hungern, Setzlinge etwa zwei Tage und große Fische auch schon mal drei Tage. Vor langen Transporten (>2-3 h) müssen die Fische leer sein, das bedeutet, bis zu einer Woche kein Futter bei Setzlingen und bis zu zwei Wochen bei Kaviarfischen.

Abfischung mit Zugnetz und Verladung mit Hebenetz. (Foto: P. Steinbach)

Innerbetrieblicher Transport von Stören (Waxdick) in einem Container. (Foto: P. Steinbach)

8.2. Außerbetrieblicher Transport

Der Transport von befruchteten Eiern oder kleinen Setzlingen erfolgt in der Regel in Kunststoffsäcken mit Wasser und Sauerstoffblase. Für einen Transport in gekühltem Wasser (max. 10 °C) werden ca. 10 Liter Wasser in einen Kunststoffbeutel (ca. 80 l) gefüllt. Zu diesem Wasser können 1-2 l Eier (je nach Spezies 60.000-100.000 Stück) eingefüllt werden. Der Sack wird dann, nachdem alle Luft entfernt wurde, mit Sauerstoff (ca. 20 l) aufgefüllt und fest verschlossen. Die Eier lassen sich so 24-30 Stunden verschicken. Bei kürzeren Transporten (bis 10 h) lassen sich unter denselben Voraussetzungen bis zu 3 Liter Eier (je nach Spezies 80.000-120.000 Stück) sicher verschicken. Der Transport auf feuchten oder nassen Tüchern, auf denen maximal eine Schicht Eier liegt, ist möglich, aber äußerst risikoreich. Bei Setzlingen von 10-20 g lassen sich 700-800 Stück bei Temperaturen unterhalb von 15 °C etwa 15 Stunden sicher in 10 l Wasser mit 20 l Sauerstoff transportieren. Soll der Transport 24-30 Stunden dauern, sollten bei dieser Größe maximal 500-600 Fische verpackt werden. Vorsicht ist bei Russischen Stören mit sehr ausgeprägten, scharfkantigen Knochenschildern geboten.

Die Säcke mit den Eiern oder Fischen werden möglichst längs liegend gelagert, um die Kontaktflächen von Wasser und Sauerstoff möglichst groß zu halten. Eine Umverpackung der Säcke (Styropor-Box, Papp-Karton) oder mindestens eine möglichst lichtdichte Abdeckung helfen die Temperatur zu stabilisieren und/oder die Tiere ruhig zu halten, da sie im Dunkeln weniger aktiv sind, weniger Sauerstoff verbrauchen und weniger Kohlendioxid und Ammonium ausscheiden. Geht die Reise in ein warmes Land, kann die Zugabe von etwas Eis auf oder unter den geschlossenen Sack in der Styropor-Box helfen, ein Überhitzen zu verhindern und so das Überleben der Tiere zu sichern. Zur Erhöhung der Sicherheit können zwei Kunststoffsäcke ineinandergesteckt und einzeln verschlossen werden.

Nach dem Transport in Plastiksäcken werden die Fische (auch Eier) langsam an die Temperatur der neuen Umgebung angepasst, indem die ungeöffneten Säcke etwa ein halbe Stunde auf die Wasseroberfläche der neuen Becken gelegt werden (ohne Karton). Von Zeit zu Zeit werden sie bewegt, um Sauerstoffmangel bei den Tieren zu verhindern. Nach dieser Zeit werden die Säcke geöffnet und ein wenig Wasser wird hinzugegeben. Die Zugabe sollte nicht zu schnell erfolgen, da auch erhebliche Unterschiede bezüglich Wasserqualität (z. B. O_2, CO_2, NH_4) zwischen Transportwasser und Wasser der neuen Becken zu erwarten sind. Je nach Höhe des Unterschieds kann sich die nötige Anpassung über mehrere Stunden hinziehen. Werden die Tiere zu schnell in die neue Umgebung entlassen, kann es auch nach Tagen noch zu Verlusten, mindestens aber zu Kiemenschäden kommen.

Zum Transport von Stören in Transportbehältern findet man in der Literatur unterschiedliche Angaben. Genaue Angaben bezüglich verschiedener Fischgrößen, Temperaturbereiche und Transportdauer finden sich bei *Chebanov & Galich (2013).* Bei Praktikern übliche Besatzdichten zum Transportieren von Stören betragen bei Temperaturen von 15-20 °C für große Fische etwa 180-200 kg/m³ und bei Temperaturen von 10-15 °C etwa 300-350 kg/m³. Bei weiten Entfernungen und längeren Zeiten, sind mindestens ein Wasserwechsel und eine Reduzierung der Transportmenge auf 200-250 kg/m³ anzuraten. Kleinere Fische von 150-200 g werden mit nicht mehr als 100-150 kg/m³ transportiert. Je nach Temperatur beträgt für Tiere von 10 g die Besatzdichte 30-70 kg/m³.

Der Transport von Stören wird oft – wie auch die Fütterungsempfehlungen – über einen Kamm geschoren. Je nach Spezies gibt es aber nicht unerhebliche Unterschiede und Verhaltensweisen, die, so man sie nicht beachtet, das Leben erschweren können. Der Sibirische Stör ist auch beim Transport unkompliziert, er zeigt kein mir bekanntes irgendwie ungewöhnliches oder irritierendes Verhalten.

Der Sterlet schleimt von allen mir bekannten Spezies am stärksten, gefolgt vom Russischen Stör. Beide Arten müssen daher zügig aufgeladen werden. Anschließend wird der fertig geladene LKW gründlich mit Frischwasser gespült. Am besten mit einer umlaufenden Leitung, die von unten Wasser in die Behälter pumpt, so dass das verschleimte Wasser oben abfließen kann. Ist das nicht möglich, werden die Behälter nacheinander mit einem in die jeweiligen Transportbehälter geführten Wasserschlauch gespült. Ist auch das nicht möglich, wird der Wasserstand Behälter für Behälter abgesenkt und wieder aufgefüllt, bis die Wasserqualität in Ordnung ist (pers. Mitteilung R. Gensler und T. Plate).

Hausen und Sternhausen drehen sich häufig, wenn sie in die Transportbehälter geladen werden, so dass ein großer Teil des geladene Bestand mit Bauch nach oben schwimmt, was wenig erfahrene Transporteure ins Schwitzen bringt. Auch einige Herkünfte des Russischen Störs neigen zu diesem Verhalten. Werden die Tiere nach Ende des Transports abgeladen, drehen sich alle wieder in die übliche Lage (Bauch unten, Rücken oben). Selbstverständlich wird die Sauerstoffzufuhr vor dem Beladen geprüft und eingestellt sowie nach dem Beladen, wenn die Tiere zur Ruhe gekommen sind, überprüft. Ein erneutes Überprüfen der Sauerstoffgehalte in den Transportbehältern nach einigen Stunden Fahrtzeit kann auch nicht schaden.

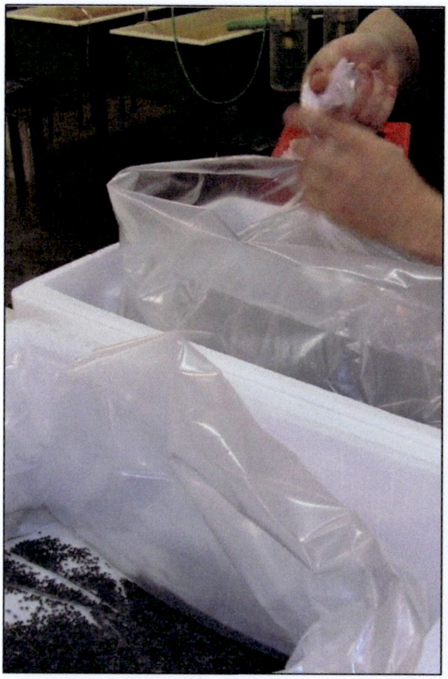

Verpacken von Plastiksäcken mit Eiern (links) und Setzlingen (rechts). (Fotos: P. Steinbach)

Abladen mit Schleuse/Rutsche (links) und Hand/Kescher (rechts). (Fotos: P. Groß)

Für einen Transport der Fische sind Temperatur, Besatzdichte und vor allem Sauerstoff (O_2) von zentraler Bedeutung. Ist der Sauerstoffgehalt im Transportwasser hoch genug, aber nicht zu hoch, werden auch andere, nicht optimale Bedingungen – wie hohe Besatzdichte, Ammonium (NH_4), Kohlendioxid (CO_2), Schleim, Stress und Temperaturänderungen – gut ausgehalten. Ist der Sauerstoffgehalt zu niedrig, treten, unter sonst gleichen Bedingungen, transportbedingte Schäden an den Fischen auf.

Beim Abladen können Sauerstoffgehalte oberhalb von 120 % zu unkontrolliertem Umherschießen, Schleimverlust und Kiemenschäden mit darauf folgender Mortalität führen. Ein geeichtes Sauerstoffmessgerät – sowie der Einsatz desselben – sind für jeden Transport anzuraten, da nur die wenigsten durch einen Blick auf das Wasser feststellen können, wie hoch dessen Sauerstoffgehalt ist. Große Blasen sind ein Zeichen für nicht optimale Ausströmer, die möglichst bald ausgetauscht werden müssen. Der Einsatz von Pumpen, die ihren Strom vom Führerhaus (Lichtmaschine/Batterie) erhalten um das umzupumpende Wasser am Boden abzusaugen und auf die Oberfläche zu sprühen, kann bei geringen Besatzdichten ebenfalls erfolgen. Durch das Versprühen reichert sich das Wasser mit Sauerstoff an, Kohlendioxid wird ausgetragen und etwaig entstehender Schaum wird zerstört. Die Zugabe von 0,5 % Kochsalz soll helfen, den Stress für die Tiere zu reduzieren und die Zugabe von Milch (60-70 ml/m^3) soll die Schaumbildung verringern (*Bohl, 1999)*.

Achtet man darauf, Störe in Behältern mit großen Schleusen zu transportieren, kann das Abladen über diese erfolgen. Bei kleinen Tieren (<500 g) hat sich das Anbringen einer Schlauchbremse bewährt, da die Tiere weniger heftig aufs Wasser knallen. Brut wird am besten mit Hilfe eines Saugschlauches von einem in den nächsten Behälter befördert. Stehen große Schleusen nicht zur Verfügung oder sind die Tiere zu groß für die vorhandenen, bleibt nur das bei großen Fischen besonders mühselige Abladen über die möglichst große Öffnungen oben auf den Transportbehältern, die möglichst groß sein sollten. Dabei sollte man immer darauf achten, die Tiere nicht zu stark zu biegen (Knorpelskelett) und nicht nur am Schwanzstiel aus dem Wasser zu heben. Dazu eignen sich spezielle, sogenannte „Schlauchkescher oder Laichfischkescher", die nicht nur vorne, sondern auch hinten offen sind, wobei das hintere Ende mit einem Band/Seil zusammengeschnürt oder mit einer Hand zusammengehalten wird bis die Tiere ins Wasser des neuen Beckens entlassen werden.

Bei jedem Transport sind die gesetzlichen Vorschriften und Verordnungen zu beachten und einzuhalten. Dies sind vor allem das Tierschutzgesetz, die Tierschutzverordnung, die Verordnung über den Schutz von Tieren beim Transport, die Vorschriften zur Vermeidung der Übertragung von Fischseuchen und die Vorschriften des Transports von lebenden Tieren im Straßenverkehr. All diese Verordnungen und Vorschriften beinhalten allgemeine Regeln für den Transport der Tiere, das Mitführen von Transportpapieren, die Zulassung als Transportunternehmer, die technischen Vorschriften der Transportmittel und Transportbehälter; weiterhin den Versand, die Ein- und Ausfuhr, die fischseuchenrechtlichen Aspekte nebst Kontrollen und Verstößen, die Sauerstoffanlagen (Flaschen, Tanks) sowie deren Bau, Betrieb und Lagerung und nicht zuletzt noch die Vorschriften des Straßenverkehrs mit allen dazugehörigen Ausführungen. Dieses ganze Konglomerat findet sich in *Kraus et al.* (*2013*) und *Wedekind et al.* (*2020*), wo haarklein, neben praktischen Aspekten wie Richtwerten, alle zu beachtenden und zu befolgenden Gesetze und Verordnungen sowie rechtlichen Bestimmungen und Anforderungen aufgelistet sind. Die Lektüre dieser Veröffentlichung, sowie das Einholen nötiger Genehmigungen und der Besuch von unter Umständen nötigen Lehrgängen und das Ablegen geforderter Prüfungen ist vor Antritt eines Fischtransports sehr zu empfehlen.

Literatur:
Bohl, 1999; Chebanov & Galich, 2013; Kraus et al., 2013; Steinbach, 2018; Vollmann-Schipper, 1975; Wedekind et al., 2020;

9. HÄLTERUNG

Hältern stellt eine Zwischenphase dar, z. B. zwischen Produktion und Transport, Produktion und Schlachten, aber auch zwischen Produktion und Vermehrung oder Kaviargewinnung.

Hältern erfüllt wichtige Funktionen: Zum einen ist es das Ausnüchtern der Fische vor dem Schlachten oder dem Transport. Ein wichtiger Aspekt neben dem Nüchtern ist das Ausschwemmen der häufig in Kreislaufanlagen, aber auch in Teichen vorkommenden, unerwünschten Geschmacksbeeinträchtigungen, wie etwa Geosmin oder Isoborneol, den wichtigsten Ursachen des „Moselns", einem modrigen, erdigen schlammigen Beigeschmack, der je nach Ausprägung den Wert von Fleisch und Kaviar erheblich mindert.

Stress in der Hälterung gilt es soweit als möglich zu vermeiden, da gestresste Fische eine schlechtere Fleischqualität aufweisen, anfällig für Krankheiten werden und einen erhöhten Sauerstoffbedarf haben. Reife Tiere, egal ob die Eier zur Vermehrung oder zur Produktion von Kaviar aus ovulierten Eiern herangezogen werden sollen, neigen dazu, bei Stress die Eier zu resorbieren, was eine Nutzung der Eier unmöglich macht. Sind beim Abfischen, Transport oder Handling Verletzungen entstanden, heilen diese bei gestressten Fischen nicht oder nicht genügend aus, so dass eine spätere Behandlung mit Antibiotika nötig werden kann. Eine Missachtung der sich an derartige Behandlungen anschließenden Wartezeiten (in der Regel 500 Tagesgrade) führt zu erheblichen Problemen.

Wichtige Stressoren sind vor allem: Schlechte Wasserqualität wie etwa hohe Ammoniak-, Kohlendioxid- oder Eisenwerte, niedriger Sauerstoffgehalt, zu niedrige oder zu hohe pH-Werte, intensives Sonnenlicht oder starke Beleuchtung, schnell wechselnde Temperaturen, schneller Wechsel von Licht und Schatten durch vorbei laufende Personen oder vorbei fahrende Fahrzeuge sowie ein hoher Lärmpegel durch Arbeiten (Hämmern, Flexen, Sägen o. ä.) in der Nähe der Hälteranlage.

Während der Hälterung werden Fische grundsätzlich nicht gefüttert, weshalb in der Hälterung Gewicht verloren wird. Aus diesem Grund wird die Hälterzeit so kurz wie möglich gewählt. Hältern wird grundsätzlich mit reichlich klarem, sauberem, kühlem und geschmacklich neutralem Wasser durchgeführt.

Beim Hältern der Fische in erforderlicherweise klarem Wasser fehlt diesen Deckung, so dass sie sich in besonderer Weise unsicher fühlen.

Sie reagieren noch stärker als sonst auf Störungen wie Erschütterungen und Klopfen an den Wänden. Es ist zu überlegen, ob Publikumsverkehr grundsätzlich von der Hälteranlage fern gehalten werden kann oder ob bestimmte Aktivitäten unbedingt direkt neben der Hälterung stattfinden müssen. Ist das nicht möglich, kann eine bewegliche Abdeckung besonders sensibler Bereiche Abhilfe schaffen.

Die Besatzdichte in der Hälterung sollte bei 12 °C bis zu 200 kg/m³ für große Störe nicht überschreiten. Ein Planungsziel von 100 kg/m³ für Störe ermöglicht eine stressarme und sichere Hälterung. Kleine Störe lassen sich ebenfalls gut mit 100 kg/m³ halten, sofern eine ausreichende Sauerstoffversorgung (>5 mg/l) sichergestellt ist. Bei 12 °C besteht ein Bedarf an Austauschwasser von etwa 10 m³ pro Tonne Fisch und Stunde. Die Ammoniakwerte (NH_3, nicht NH_4) im Ablauf der Haltungseinheiten sollten 0,02 mg/l nicht/nie überschreiten.

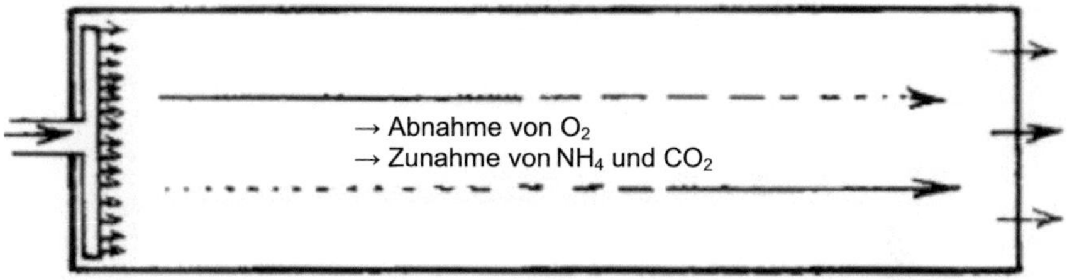

Langstrombecken und die Veränderung der Wasserqualität. (Zeichnung: P. Steinbach)

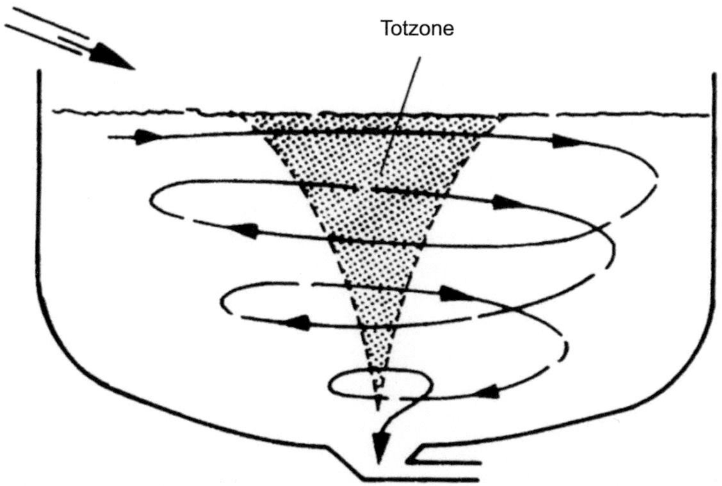

Rundstrombecken und die Bildung einer Totzone. (Nach: Rosenthal et al., 1982)

Langstrombecken sind als Hälterung günstiger zu bewerten als Rundstrombecken, da in ihnen eine von vorn nach hinten gerichtete Pfropfen-Strömung entsteht, die vom Einlauf zum Ablauf eine abnehmende Wasserqualität aufweist. Dabei bilden sich Zonen guter, mittlerer und schlechterer Qualität, wobei die Fische, sofern die Besatzdichte nicht zu hoch gewählt wurde, die Möglichkeit haben, der schlechteren Qualität auszuweichen.

Rundstrombecken weisen im größten Teil des Beckens eine gemischte Wasserqualität ohne ausgeprägte Zonen (außer der Totzone) auf. Ausscheidungen der Fische, seien sie fest (Kot), flüssig (Urin) oder gasförmig gelöst (CO_2, NH_3) werden im Becken mit dem Zulaufwasser gemischt und mehrmals im Kreis geführt, bevor sie dieses verlassen können. Je nach Gestaltung des Zulaufs bildet sich in der Mitte eventuell eine sogenannte Totzone, in welcher so gut wie kein Wasseraustausch erfolgt.

Um die Abfischung der Hälterbecken zu erleichtern, sollten diese ein Gefälle von etwa 1-2 % zum Ablauf aufweisen. An der tiefsten Stelle von Großhältern angebrachte Fördereinrichtungen, wie etwa eine Abfischgrube mit Hebekescher oder Förderschnecke, können beim Entleeren und Beladen von Transporteinheiten die notwendigen Arbeiten erleichtern.

9.1. Winterung

Um in Warmwasseranlagen eine gleichmäßige Eientwicklung zur Erzielung eines guten Kaviars zu fördern, hat es sich bei allen Störarten bewährt, zumindest die letzten 1-2 Jahre vor der Kaviarernte, eine mindestens 1-2 monatige Winterung durchzuführen. Auch in den vorhergehenden Jahren schadet eine derartige Temperaturabsenkung nicht. Die Fütterung sollte, so sie denn erfolgt oder seitens der Behörden erfolgen muss, in Menge und Zusammensetzung immer der Wassertemperatur angepasst werden (siehe Fütterung). Warm gehaltene Tiere (22-26 °C) werden auf mindestens 15 °C abgesenkt; kühler gehaltene (18-22 °C) auf 10 °C. Die Absenkung am ersten Tag kann, ohne Schaden für die Tiere, durchaus schlagartig um 5-7 °C erfolgen.

9.2. Ausnüchterung

Obwohl die Tiere vor dem Sortieren und Abfischen mindestens einen Tag nichts gefressen haben sollten, ist der Darm nicht leer. Um diesen völlig zu entleeren, sind, in Abhängigkeit von Wassertemperatur, Fischalter und Futterqualität, weitere 2-3 Tage nötig. Störe, die über weite Strecken transportiert werden sollen, müssen in jedem Fall absolut „leer“ sein. Nur so ist eine einigermaßen sichere und verlustfreie Ankunft möglich.

Vor allem in den ersten Tagen der Nüchterung muss in der Hälteranlage wegen der Abgabe des „Restkotes“ ständig ausreichend geeignetes Austauschwasser zur Verfügung stehen. Auf den nicht vermeidbaren Stress aufgrund des Abfischens, der Einengung im Netz, des Kescherns, des Transports und der Wiegung reagieren die Fische mit erhöhtem Sauerstoffbedarf und vermehrter Abgabe von Schleim (vor allem Sterlet und Russischer Stör), Kot, Urin und anderen Stoffwechselprodukten (CO_2, NH_3), die möglichst schnell zu entfernen sind.

9.3. Geschmacksverbesserung

Ein wichtiger Aspekt der Hälterung ist das Ausschwemmen unerwünschter Geschmacksbeeinträchtigungen. Fische aus Gewässern mit hoher organischer Belastung wie z. B. Kreislauf- und Teichanlagen, weisen häufig einen erdigen, modrigen, schlammigen Geruch und Geschmack auf. Fische und Kaviar mit diesen Geschmacksbeeinträchtigungen sind für den Konsum nicht oder nur sehr bedingt vermarktungsfähig. Kunden, die derartig schmeckende Produkte bekommen haben, werden diese wohl kein zweites Mal kaufen.

Die chemischen Verbindungen, die diese Beeinträchtigungen hervorrufen, sind vor allem Geosmin ($C_{12}H_{22}O$) und Methylisoborneol ($C_{12}H_{20}O$), seltener die Verbindungen Isoprophyl-Methoxypyrazin ($C_8H_{12}ON_2$), Isobutyl-Methoxypyrazin ($C_9H_{14}ON_2$) und Trichloranisol ($C_7H_5OCl_3$). Diese Substanzen werden von Mikroorganismen gebildet. Verursacher können Pilze (wie z. B. Strahlenpilze), Bakterien (wie z. B. Cyanobakterien) oder Algen (wie z. B. Goldalgen) sein.

Fischgewebe (Fleisch, Ovarien) nimmt diese Substanzen aus dem umgebenden Wasser auf. Die Aufnahme erfolgt sehr rasch (wenige Stunden). Die Inhaltsstoffe werden vor allem in fettreichem Gewebe (unter der Haut und im Bauchraum) und den Eiern (Kaviar) gespeichert und auch konzentriert. Die Abgabe aus dem Fisch, zurück ins Wasser, erfolgt nur langsam und wird zudem durch niedrige Temperaturen und hohe Fettgehalte erschwert. Vermutlich erfolgt die Abgabe der eingelagerten Inhaltsstoffe vor allem durch Diffusion. Daher beschleunigen hohe Wasseraustauschraten die Abgabe dieser unerwünschten Geschmackstoffe an das Umgebungswasser. Ist „nur“ das Fleisch betroffen, erfolgt die Abgabe recht schnell (3-10 Tage), da das zwischen den Muskelschichten eingelagerte Fett einem schnelleren Stoffwechsel unterliegt, als etwa Fett aus dem Bauchraum und den Gonaden. Ist

Kaviar betroffen, sind auch 4-6 Wochen Hälterzeit nicht immer ausreichend.

Steht nicht genügend Wasser in der benötigten Qualität für Hälterzwecke zur Verfügung, kann das Wasser nach Passieren der Becken aufbereitet und zur Hälterung zurück geführt werden. Diese Aufbereitung des Wassers kann durch Oxidation (z. B. Ozon), Adsorption (z. B. Aktivkohle), biologische Aufbereitung oder eine Kombination der verschiedenen Verfahren erfolgen (*Steinbach, 2018*).

Betreibt jemand seine Anlage bereits einige Zeit, weiß er in der Regel, ob und wenn ja, wie lange die Fische zu hältern sind, da sich ein bestimmter Level in der Anlage einstellt, der, sofern an der Anlagenführung nichts geändert wird, über lange Zeit etwa gleich bleibt. Werden zugekaufte Tiere verarbeitet, müssen vor jedem Schlachten oder jeder Kaviarproduktion die Geschmackstests durchgeführt werden. Werden die Tiere nur zur Fleischgewinnung geschlachtet, genügt es eine Probe einzelner Tiere durchzuführen. Soll Kaviar gewonnen werden, wird jedem Fisch eine Ei-Probe entnommen und getestet.

Die Kontrolle von Fleisch wird mit einer Probe durchgeführt, die ohne Salz, ohne Gewürze und ohne Fett gegart wird (z. B. Mikrowelle). Nur so ist der Geschmack unverfälscht wahrzunehmen. Sinnvollerweise sollte die Geschmacksprobe von einer Person vorgenommen werden, die in der Lage ist, auch geringste Beeinträchtigungen zu schmecken. Viele Menschen – vor allem Frauen und Kinder – können diese Verbindungen bereits im Nanogrammbereich (10-30 ng) schmecken. Etwa 30-40 % der Bevölkerung schmeckt Geosmin und Isoborneol erst, wenn der Geschmack schon sehr stark ist (*Steinbach, 2018*).

Literatur:
Rosenthal et al., 1982; Steinbach, 2018;

10. STÖRVERARBEITUNG

Bis die passenden Tiere groß genug geworden sind, so dass die Kaviarernte ansteht, egal ob durch Schlachten oder Streifen sollte, man sich mit dem dazu nötigen Prozedere auseinandergesetzt haben oder dies schleunigst tun. Die Genehmigung zum Halten der geplanten Störart(en) muss bereits erteilt sein, bevor die ersten Tiere der gewählten Art, in welcher Größe auch immer, eintreffen. Auch alle nötigen Genehmigungen zum Schlachten, Verpacken und Vermarkten sollten eingeholt sein. Einfluss nehmende und damit anzufragende Behörden sind das zuständige Veterinäramt, die Naturschutzbehörde und die CITES-Behörde.

Fertiger Kaviar kann bei richtiger Behandlung und Lagerung sehr schmackhaft sein. Fehler bei der Auswahl der Tiere (Reife, Geschmack Konsistenz) sowie bei der Herstellung und Lagerung des fertigen Produktes können grauenvoll schmeckende Ergebnisse liefern, welche etwa an muffige, salzige, fischige Brombeermarmelade erinnern, die bei den bedauernswerten Konsumenten dieser Produkte mindestens Ablehnung, wenn nicht Ekel gegenüber Kaviar und Kaviarprodukten auslösen können. Verdorbener Kaviar ist schmierig, sauer oder schimmelig und stinkt. Wer einmal eine solche Ware gerochen oder sogar gekostet hat, wird nicht so schnell wieder zur Kaviardose greifen. Derartiger Kaviar ist zu beanstanden und abhängig vom Grad der Beeinträchtigung nicht handelsfähig.

10.1. Selektieren

Guter Kaviar hat, wie bereits vorher bemerkt, seinen Ursprung in der Haltung der Tiere und dem Umgang mit ihnen bis zum Zeitpunkt der Ernte. Nur unter vernünftigen Umweltbedingungen gehaltene und gefütterte Tiere können auf Dauer Eier liefern, welche die Herstellung eines gleichmäßig guten Kaviars ermöglichen. Ist durch ständige Warmwasserhaltung und bei über das Jahr verteilter, optimaler Fütterung ein permanentes Wachsen der Fische zu beobachten, werden folglich auch ganzjährig Fische reif für die Kaviarernte. Werden die Tiere in Teichen, Kanälen oder Gehegen unter natürlichen mitteleuropäischen Temperaturbedingungen gehalten und aufgezogen, ist die Kaviarproduktion saisonal. Die erstrebten Eier entwickeln sich im Frühjahr und Sommer und sind dann ab Herbst bis zum nächsten Frühjahr zur Ernte bereit. Werden die Tiere nicht geerntet, resorbieren sie die nicht genutzten Eier im späten Frühjahr, sobald die Wassertemperaturen gestiegen sind. Mit erneut erntbaren Eiern ist je nach Spezies und Temperatur nach einem bis vier Jahren zu rechnen.

Das Sortieren der Fische in Entwicklungsklassen erleichtert das Auffinden reifer Tiere. In einer Entwicklungsklasse sollten sich ausschließlich Tiere desselben Jahrgangs mit vergleichbar fortgeschrittener Eientwicklung befinden. Die Klasse mit reifen Eiern kann durchaus aus verschiedenen, getrennt gehaltenen Jahrgängen stammen. Zum Beispiel werden Tiere mit grauen Eiern in eine Gruppe und solche mit großen weißen Eiern oder kleinen weißen Eiern in eine zweite Gruppe und dritte Gruppe desselben Jahrgangs sortiert. Nur so ist es möglich, jeder Entwicklungsgruppe die für sie angemessene Futtermenge, Fütterungshäufigkeit, Besatzdichte und Haltungstemperatur angedeihen zu lassen. Auch ist es deutlich einfacher „nur" die betreffende, im Vergleich zum Gesamtbestand zahlenmäßig kleine Gruppe, durchzusehen um passende bzw. reife Tiere zu finden.

10.2. Kontrollieren

Um sicher zu gehen, dass überreife Tiere möglichst nicht geschlachtet werden, muss unter natürlichen Bedingungen im späten Frühjahr, in Warmwasseranlagen ganzjährig, eine Kontrolle der Eier aller Fische erfolgen, die zur Kaviarverarbeitung anstehen.

Mit Hilfe einer Biopsienadel wird, von möglichst vorher mit Ultraschall geprüften und als eitragend erkannten Tieren, eine ausreichend große Probe an Eiern entnommen (siehe Geschlechtsbestimmung). Pro Untersuchung sind dazu mindestens 10 Eier nötig. Reicht die Zahl der Eier aus einer Probe nicht, wird eine zweite Probe entnommen. Um die Eignung, der den Fischen entnommenen Eier, zur Kaviarherstellung beurteilen zu können, ist ausreichend Licht (mind. 500 Lux) nötig. Die normale Beleuchtung eines Gebäudes ist in keinem Fall ausreichend.

Die Eier reifer oder brauchbarer Fische, wie Sibirischer und Russischer Stör, weisen einen Durchmesser von mindestens 2,6 mm auf, Sterlet und Sternhausen erreichen 1,9-2,2 mm und Hausen mehr als 3,0 mm. Im Fall von Hybriden richtet man sich nach der Eigröße der Art mit den kleinsten Eiern. Bei Bester (Beluga x Sterlet) wäre das der Sterlet. Ältere Fische aller Spezies besitzen in der Regel größere Eier als Erstlaicher, wie etwa Sterlet und Sternhausen 2,3-2,4 mm, Sibirischer und Russischer Stör bis zu 3,3 mm und Hausen über 4,0 mm.

Alle Tiere, deren Eier – auch nur teilweise – marmoriert, matschig, weich (zwischen den Fingern rollen um die Festigkeit zu prüfen), ohne Membran oder bereits in Auflösung begriffen sind, werden zurückgesetzt. Das Zurücksetzen erfolgt immer passend zum Jahrgang und Entwicklungsstadium (Resorption) der Eier.

Die Mehrheit derartiger überreifer Tiere ist unter Warmwasserbedingungen nach 8-12 Monaten (Sibirischer Stör, Sterlet) wieder in der Lage, Kaviar zu liefern, in Teichen oder anderen Naturgewässern nach 2-4 Jahren. Ebenfalls in die Teiche, Kanäle oder Becken zurückgesetzt werden, außer beim Sterlet, alle weibliche Tiere, die kleiner als 5 kg sind, da die geringe Kaviarausbeute den Arbeitsaufwand nicht lohnt und die Tiere in der folgenden Periode deutlich größer sein werden mit prozentual und absolut mehr Kaviar. Sind sie, aus welchen Gründen (Genetik, Futter, Haltung) auch immer, zum Zeitpunkt der zweiten Ernte nicht gewachsen, werden sie geschlachtet, sobald sie wieder brauchbare Eier tragen.

Biopsienadel mit überreifen Störeiern. (Foto: P. Steinbach)

Es gibt immer wieder Tiere, deren Eier unregelmäßig reifen (oft durch fehlende oder zu kurze Winterung). Ein Teil der Eier ist hierbei bereits überreif, während die übrigen Eier brauchbar wären. Es ist besser, auch derartige Tiere auszusortieren, da bei der nächsten Eigeneration die Entwicklung gleichmäßiger wird und somit die gesamte Eimenge zur Kaviarproduktion zur Verfügung steht. Mit weniger Arbeitsaufwand kann dann mehr Kaviar aus demselben Fisch gewonnen werden. Eine ausreichende Winterung hilft oder ist bei solchen Tieren sogar die Voraussetzung die Eientwicklung zu vergleichmäßigen.

Überreife Eier lassen sich nicht zu Kaviar verarbeiten. Beim Waschen, spätestens aber beim Salzen, platzen bei solchen Eiern die Membranen und es entsteht eine breiige Masse, die nichts mit Kaviar zu tun hat, Arbeit und Kosten verursacht und ohne irgendeinen Nutzen zu haben in den Abfall wandert. Die gesamte bisherige Entwicklungszeit des Fisches (4-8 Jahre, bei einigen Spezies auch noch länger) ist verloren, nur das Fleisch ist nutzbar. Dieses ist verglichen mit dem Wert von Kaviar allerdings sehr geringwertig. Daher sorgfältig auf überreife Eier achten und derartige Fische aussortieren. Lieber zwei Fische zu viel aussortiert und zurück gesetzt, als ein überreifes Weibchen geschlachtet.

10.3. Herunterkühlen

Kaviar nimmt sehr leicht Gerüche oder Geschmack aus der Umgebung (Luft, Waschwasser) an. Dies geht umso schneller, je wärmer der Fisch und damit die in ihm enthaltenden Eier sind. Vor der Verarbeitung werden die Fische daher idealerweise, wenn kein kaltes oder sonst wie geeignetes Wasser zur Verfügung steht, in Eiswasser gekühlt. Eine derartige Kühlung verlangsamt außerdem die Vermehrungsrate von Bakterien, Hefen und Pilzen, die für den Verderb von Lebensmitteln verantwortlich sind.

Eiswasser wird ausschließlich mit Hilfe von Trinkwasser und Scherben- oder Brucheis in transportablen, sauberen Wannen hergestellt. Die Wanne (ca. 500 l) wird zu etwa der Hälfte (ca. 200 l) mit Trinkwasser gefüllt. Anschließend wird so lange Eis hinzu gegeben (ca. 30-50 kg) bis das Eis nicht mehr schmilzt, die Oberfläche des Wassers aber noch mit schmelzendem Eis bedeckt bleibt.

Die Temperatur im Eiswasser beträgt etwa ±0 °C bis +3 °C. Es ist ständig darauf zu achten, dass die Temperatur des Wassers nicht über 4 °C steigt. So lange noch nicht geschmolzenes Eis in der Wanne schwimmt, ist die Temperatur im optimalen Bereich. In einer Wanne mit einem Volumen von etwa 500 l werden maximal 20 Fische à 10-15 kg behandelt. Große Fische oberhalb von 20 kg werden entsprechend ihrer Größe weniger dicht oder sogar einzeln gesetzt.

Transport und Wiegen der Tiere erfolgt mit Hilfe eines dafür ausgerüsteten Hubwagens. Zahl und Gewicht der Tiere wird für jede Wanne separat dokumentiert. Nur so ist eine Ergebniskontrolle möglich. Sind die Tiere gekennzeichnet (Marke, Chip), wird die Kennzeichnung vermerkt, damit jedem Fisch die von ihm gelieferte Kaviarmenge zugeordnet werden kann.

10.4. Übergeben

Die bisherigen Arbeiten wurden im so genannten „unreinen“ Bereich, der Vermehrungs- oder Verarbeitungsanlage durchgeführt. Im „reinen“ Bereich der Verarbeitung selbst gelten erhöhte hygienische Ansprüche. Nicht jeder kann, wie es ihm beliebt, diese Bereiche betreten. Der Zugang ist nur autorisierten Personen in vorgeschriebener Schutzkleidung, über eine Hygieneschleuse, erlaubt. Betriebsfremde Personen dürfen, wenn überhaupt, nur in Begleitung einer autorisierten Person und in Schutzkleidung die Verarbeitungsräume betreten.

Die Schutzkleidung für Besucher besteht aus Kitteln (Einwegkittel, Arbeitskittel), Stiefeln oder Überschuhen (Einwegüberzüge), Haarhauben und Mundschutz (Masken). Die Hände sind vor Betreten der Räume mit geeigneten/zugelassenen Mitteln zu desinfizieren. In reinen Bereich arbeitende Personen tragen zusätzlich Schürzen, Handschuhe (Einweg), sowie Kettenhandschuh beim Filetieren. Bei Arbeiten mit Ovarien/Eiern sowie beim Umdosen von Kaviar ist immer ein Mundschutz zu tragen.

Die Raumtemperatur im Schlachtraum beträgt etwa 15 °C. Wird die Raumtemperatur tiefer eingestellt, ist die Arbeit in derartigen Räumen nur mit speziell dazu geeigneter und zugelassener Kleidung erlaubt. Wände, Boden und Decke des Schlachtraums müssen reinig- und desinfizierbar sein, und der Boden muss den behördlichen Vorschriften entsprechend beschichtet sein, mit einem wie auch immer vorgeschriebenen Bodenablauf. Nicht zuletzt wird auch ein ausreichend dimensioniertes Waschbecken (Warm- und Kaltwasseranschluss) benötigt, um alle Gerätschaften zwischendurch waschen und desinfizieren zu können und getrennte Abfalleimer (Bio-, Papier-, Metall-, Kunststoff- und Restmüll).

Ein hoher Standard der Ware Kaviar kann auf Dauer nur eingehalten werden, wenn alle involvierten Personen ständig die Hygiene- und Reinigungsvorschriften genau befolgen. Auch dann, wenn der Feierabend bereits in Sicht oder die „normale“ Arbeitszeit bereits vorbei ist.

Die in Transportwannen mit Eiswasser befindlichen Störe werden nach Wiegung und Dokumentation an der Zutrittsschleuse zum Schlachtraum übergeben und verlassen diesen nicht mehr, bevor sie verarbeitet sind.

Soll Kaviar aus ovulierten Eiern hergestellt werden, entsprechen die zur Eigewinnung nötigen Schritte dem Procedere der Vermehrung. Dabei sollte man in jedem Fall darauf achten ob und wenn ja, welche Hormone oder sonstige Ovulationsauslöser erlaubt und damit anwendbar sind.

10.5. Schlachten

Die in sehr kaltem Wasser oder besser im Eiswasser befindlichen Tiere werden an der Schleuse zum Verarbeitungsbereich übernommen und in den Schlachtraum gebracht. Die Tiere bleiben vor dem Schlachten mindestens 15 Minuten in diesem Eiswasser, damit der gesamte Körper und damit in jedem Fall die Ovarien durchkühlen. Taut in der Zwischenzeit das Eis, muss es nachgegeben werden. Frühestens nach 15 Minuten werden die ersten (5-7) Tiere zur weiteren Verarbeitung entnommen.

10.5.1. Betäuben

Zum Betäuben werden die Tiere einzeln dem Transportbehälter oder der Wanne mit Eiswasser entnommen, auf den Verarbeitungstisch gelegt und mit mindestens einem kräftigen Schlag auf den Kopf, in Höhe des Gehirns (hinter den Augen), betäubt. Hierzu werden ein etwa 30-40 cm langer Holzstock mit ausreichendem Durchmesser oder eine entsprechende Metallstange verwendet. Bei sehr großen Tieren, wie etwa Hausen, wird empfohlen ein Bolzenschussgerät einzusetzen. Alternativ kann stattdessen auch mit Strom oder Kohlendioxid betäubt werden.

10.5.2. Ausbluten

Sind die Tiere betäubt, werden sie einzeln, mit feingliedrigen Metallketten oder reißfestem Kunststoffgarn, am Schwanzstiel, mit dem Kopf nach unten, in ein Gestell eingehängt. Anschließend erfolgt mit einem scharfen Messer ein beidseitiger Schnitt durch die Kiemenbögen, um die Tiere auszubluten und zu töten. Um die Tiere und damit die Ovarien so kühl wie möglich zu halten, werden maximal 5-7 Fische gleichzeitig in das Gestell gehängt. Zum ausreichenden Ausbluten werden mindestens 10 Minuten benötigt.

Mehrmaliges Abspülen der Fische mit Trinkwasser im Kiemenbereich beschleunigt und erleichtert das Ausbluten. Nicht oder nicht genügend ausgeblutete Tiere können im Fleisch und in den Ovarien Blut enthalten, welches bei der weiteren Verarbeitung stört. Es erfordert ein mühseliges Auslesen von Blutgerinnseln aus den Eiern; eine vor und nach dem Salzen zusätzliche Arbeit, die sich hätte vermeiden lassen, wenn die Tiere richtig ausgeblutet worden wären. Mit erhöhtem Blutanteil verarbeitete Ware ist weniger lange haltbar, hat einen Beigeschmack und kann unschön aussehen. Diese Ware ist als minderwertig anzusehen, da die Blutgerinnsel Angriffspunkte für Mikroben sind.

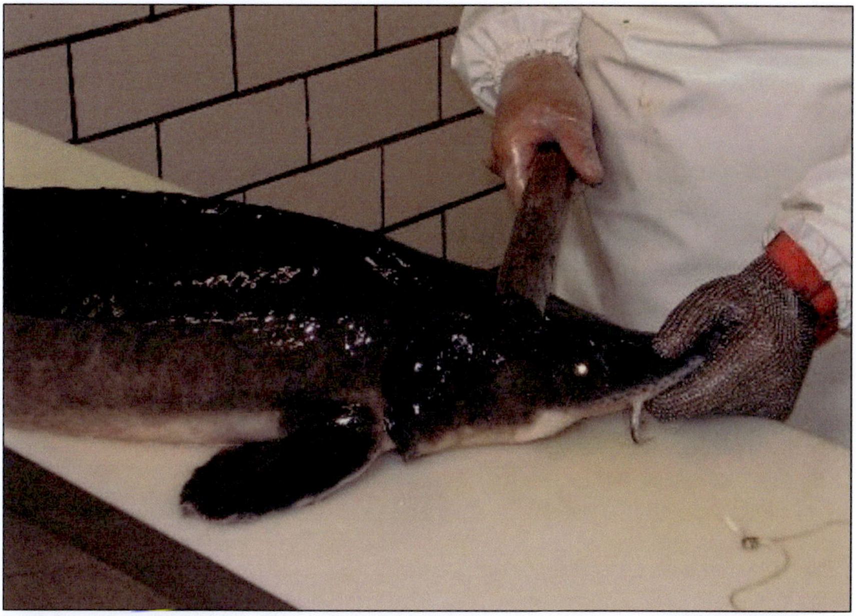

Betäuben eines Sibirischen Störs mittels Holzstock. (Foto: P. Steinbach)

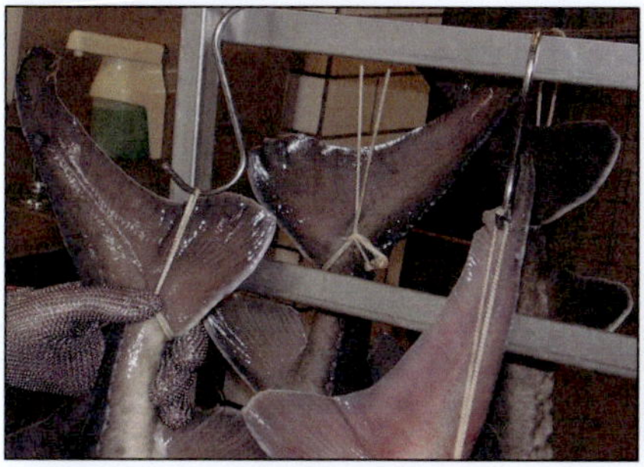

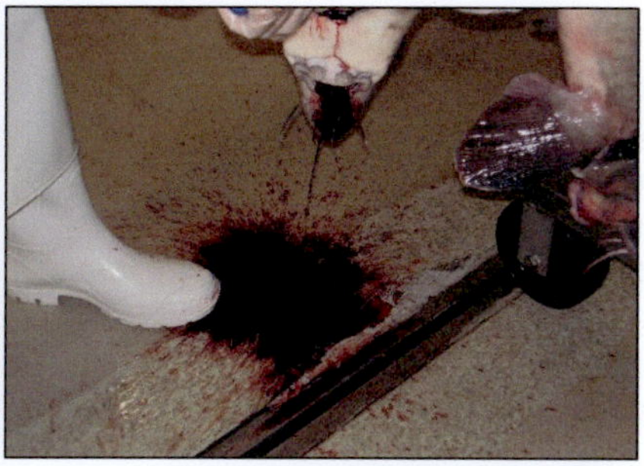

Zum Ausbluten aufgehängte Störe. (Fotos: P. Steinbach)

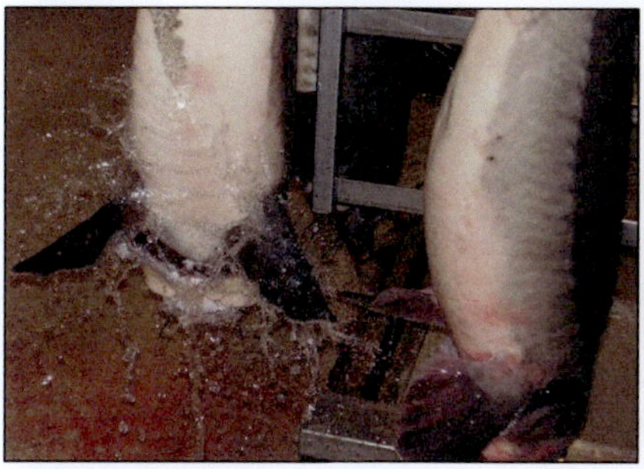

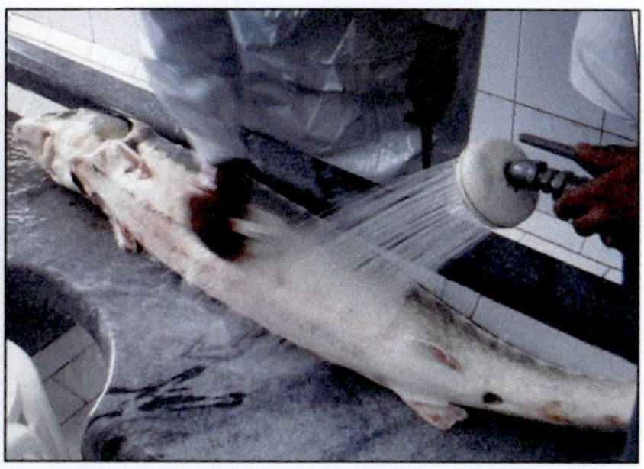

Ausspülen der Kiemen (links) und Waschen des Bauches (rechts). (Fotos: P. Steinbach)

10.5.3. Reinigung

Bevor die Bauchhöhle der Tiere geöffnet wird, um die Ovarien zu entnehmen, wird der Fisch von außen möglichst gründlich gereinigt. Noch im Gestell hängend, wird anhaftendes Blut mit Trinkwasser im Verlauf der Entblutung entfernt. Sofern ein V-förmiges Schlachtgestell vorhanden ist, wird der Fisch mit dem Bauch nach oben hinein gelegt. Ist ein solches Gestell nicht vorhanden, wird der Fisch auf der Seite (Richtung arbeitende Person) liegend, auf einem Schlachttisch weiter verarbeitet. Der Bauch wird mit Hilfe einer Bürste (Kunststoff) und fließendem Trinkwasser soweit als möglich von Schleim und Verunreinigungen befreit.

10.5.4. Bauchöffnung

Die gereinigte Bauchdecke wird mit einem Spezialmesser (Darmmesser oder Hakenmesser mit stumpfer Spitze) vom After zur Kehle geöffnet. Wird ein normales Messer verwendet, besteht eine erhöhte Gefahr die Gallenblase zu verletzen. Die umgekehrte Schnittrichtung wird eingesetzt, wenn kein Spezialmesser zur Verfügung steht. In diesem Fall wird vorsichtig, um Innereien und Ovarien nicht zu verletzen, von der Kehle Richtung After geschnitten.

Wird unvorsichtig geschnitten, können Keime von/aus den Innereien (Darm, After) auf die Ovarien übertragen werden, wodurch deren Qualität (Haltbarkeit/Geschmack) negativ beeinflusst werden kann. Wird die Gallenblase verletzt, kann Gallenflüssigkeit über die Ovarien laufen. Gallenflüssigkeit verursacht einen bitteren Geschmack und eine grün-gelbe Färbung der Bereiche, welche sie benetzt, wie Ovarien und Fleisch. Sofern nicht sofort gründlich mit viel Trinkwasser nachgewaschen wird, bleiben Geschmack und Farbe unter Umständen erhalten und die Ware ist qualitativ minderwertig bis unverkäuflich.

10.5.5. Ovarienentnahme

Die durch den Bauchdeckenschnitt offen liegenden paarigen Ovarien werden mit frisch gereinigten und desinfizierten, behandschuhten Händen vorsichtig einzeln aus der Bauchhöhle geschnitten und in eine saubere, desinfizierte (Kunststoff, Edelstahl) Schüssel gelegt. Sofort nach Platzierung der Ovarien in die Schüssel wird diese mit steriler Folie abgedeckt, um eine Verkeimung durch Umgebungsluft zu vermeiden. Das Gewicht beider Ovarien jedes Fisches wird ermittelt und dokumentiert. Hat der Fisch eine Kennzeichnung (Marke, Chip), wird diese notiert. Die abgedeckte Schüssel mit den Ovarien wird (auf Eis) zum Kaviarraum transportiert und zur weiteren Bearbeitung übergeben.

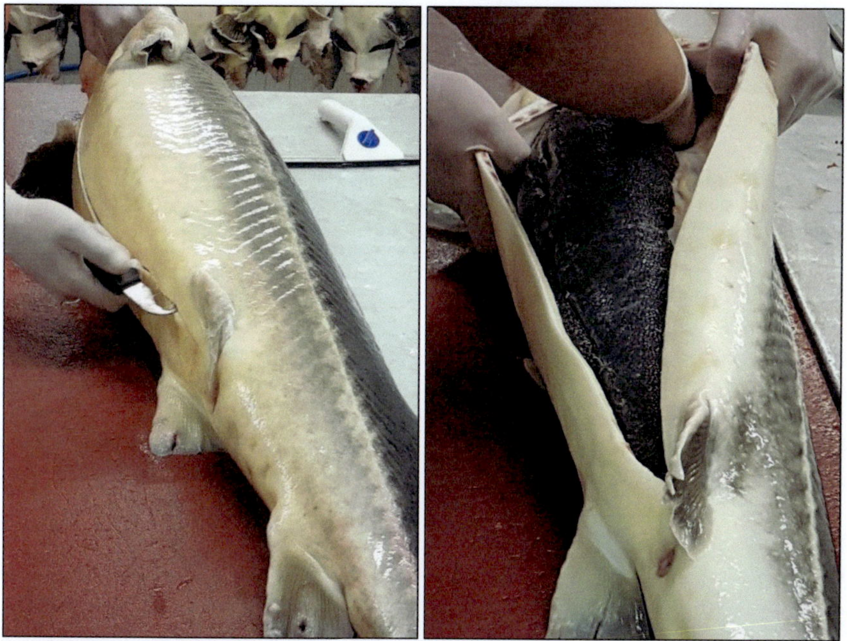

Öffnen der Bauchdecke (links) und Entnahme der Ovarien (rechts). (Fotos: E. Fritschi)

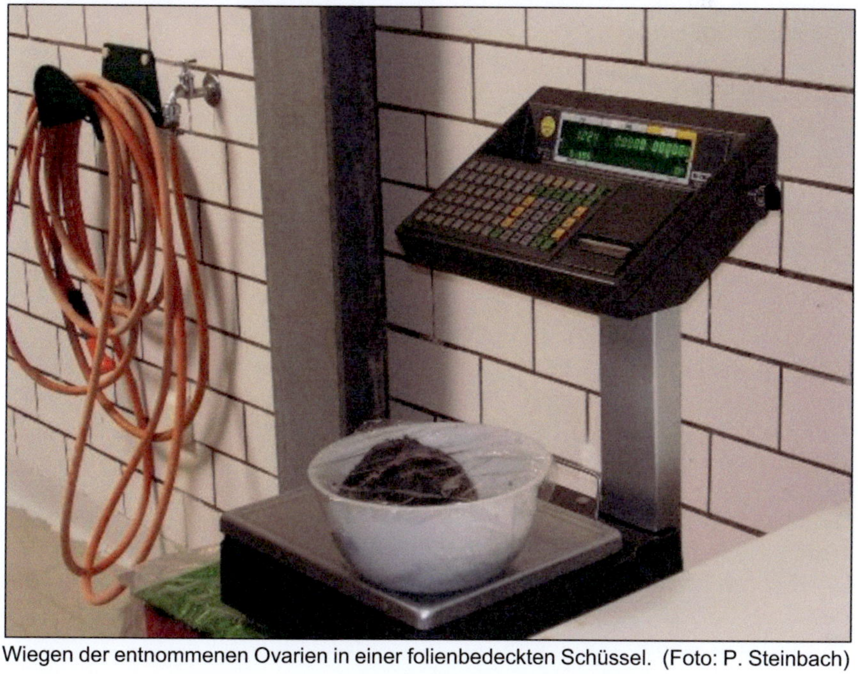

Wiegen der entnommenen Ovarien in einer folienbedeckten Schüssel. (Foto: P. Steinbach)

Sollen oder können die entnommenen Ovarien nicht vor Ort oder am selben Tag verarbeitet werden, können sie in einem sterilen Plastiksack luftdicht verpackt werden. Dieser Sack wird in einer Styropor- oder sonst wie isolierten Kiste mit Eis bedeckt und verschlossen. Die Ovarien können so zum Verarbeitungsbetrieb transportiert werden, um dort am selben oder nächsten Tag verarbeitet zu werden. Wird die Kühlkette eingehalten und werden die Ovarien nicht gequetscht (zu viele Ovarien oder zu viel Eis in der Kiste), ist keine Qualitätseinbuße zu befürchten.

10.5.6. Ausnehmen

Nachdem die Ovarien zur weiteren Verarbeitung wohin auch immer geschafft wurden, werden dem Fisch die übrigen Innereien entnommen. Es ist darauf zu achten, auf keinen Fall die Gallenblase zu beschädigen. Nach Entfernen der Innereien einschließlich der Schwimmblase und Leber wird das Gewicht der Karkasse erfasst und dokumentiert.

Die Schwimmblase kann separat entnommen werden, da sie sich zur Herstellung von Leim für Restaurationszwecke eignet. Ganze, nicht zerrissene Schwimmblasen werden besser bezahlt als beschädigte.

Die Leber kann direkt als Lebensmittel oder zur Herstellung von Leberöl verwendet werden, wobei die Ölausbeute etwa 9-12 % der gesamten Leber beträgt (*Hochleithner, 2012*).

10.5.7. Köpfen

Die Köpfe der Störe lassen sich separat vermarkten. Dazu wird der Kopf direkt hinter den Kiemenbögen mit einem scharfen Messer vom Körper getrennt. Es ist darauf zu achten, so wenig Fleisch wie möglich vom Filetanteil am Kopf zu lassen. Nicht verwertbare Teile gehen in den Abfall.

Im hinteren Bereich des Kopfes, dem Nacken, befindet sich noch hervorragendes Fleisch. Dieses lässt sich sehr gut zu Spießen oder Stücken verarbeiten. Die Spieße sind zum Grillen wie zum Räuchern gleichermaßen gut geeignet. Auch die so genannten Bäckchen ergeben, bei Fischen von 15-20 kg Stückgewicht, ansehnliche Brocken, deren Weiterverwendung durchaus lohnen kann.

Auch die Gewinnung der Hypophyse (Hirnanhangdrüse) ist möglich (siehe Hypophysierung). Die Hypophysen lassen sich hervorragend für Vermehrungszwecke nutzen, da Kaviarfische in der Entwicklung der Geschlechtsreife weit genug fortgeschritten sind, um die passenden Hormone in ausreichender Menge gebildet zu haben.

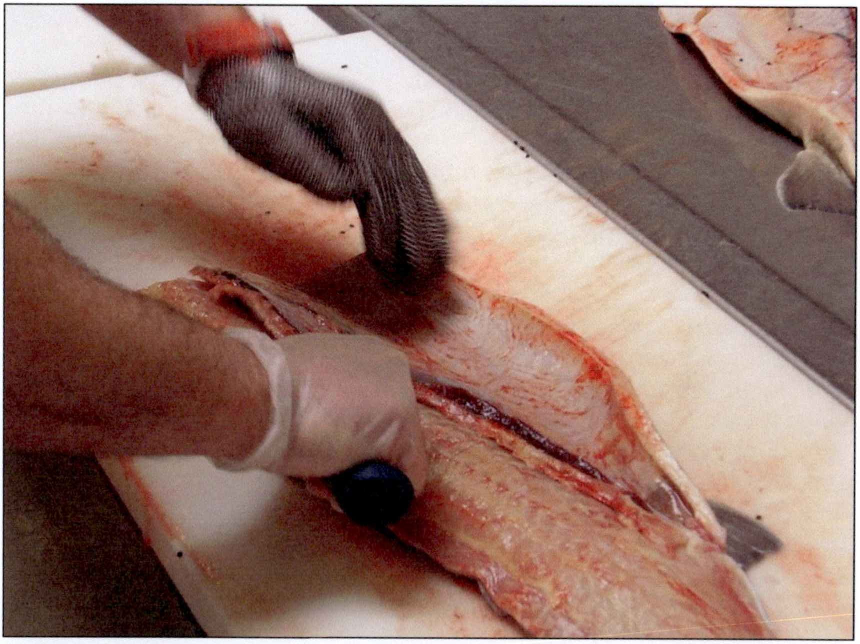

Filetieren eines Störs. (Foto: P. Steinbach)

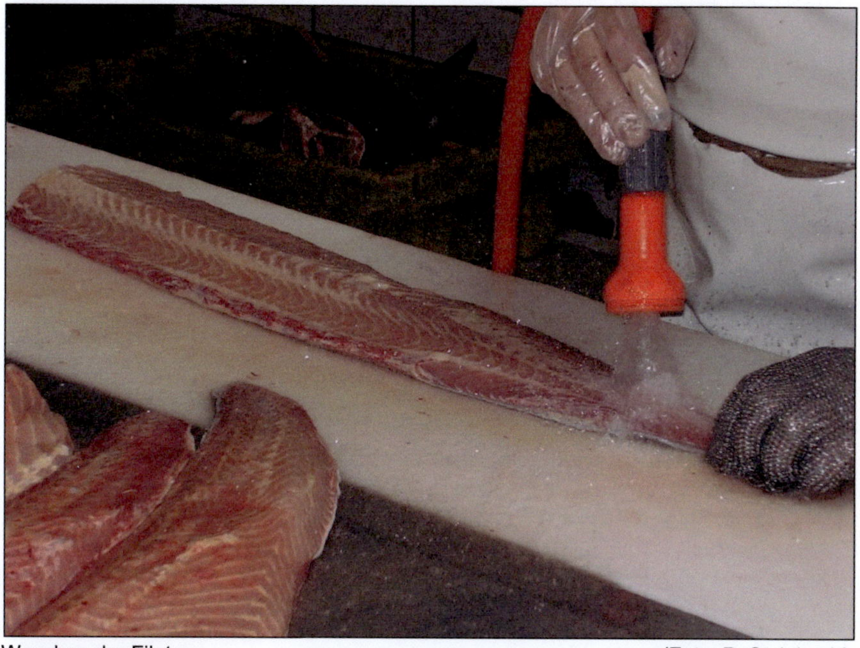

Waschen der Filets. (Foto: P. Steinbach)

10.5.8. Filetieren

Störe aus der Kaviarproduktion werden als ganzer Fisch, mit oder ohne Kopf, sowie als Filet mit oder ohne Haut gehandelt. Gelegentlich werden auch Loins (Rückenstücke) oder Steaks (Rippenstücke) geschnitten. Für Show-Veranstaltungen werden manchmal auch ganze Tiere frisch oder geräuchert auf dem Buffet platziert. Um ein möglichst hochwertiges Produkt aus dem Störfleisch zu erhalten, werden die Tiere in der Regel aber filetiert.

Zum Filetieren wird mit einem Messer die Reihe der Rückenschilder vom Kopf zum Schwanz hin, zusammen mit dem darunter liegenden Hautstreifen, abgeschnitten. Anschließend wird am Rücken, bis zum Rückgrat, eingeschnitten und dann entlang diesem die Körperhälfte vom Knorpelskelett getrennt. Nach Abtrennen der Flossen wird die Seite zugeschnitten und gesäubert. Zum Filetieren werden vorzugsweise Störe mit über 5-10 kg Lebendgewicht verwendet, da die Fleischausbeute höher ist (*Hochleithner, 2012*).

Zum Enthäuten werden die Filets mit der Hautseite nach unten auf ein Schneidbrett gelegt´und mit einem langen, dünnen Messer wird die Haut vom Schwanzstiel gelöst. Anschließend wird das Hautende mit Hilfe eines Einschnitts mit einer Hand festgehalten und mit dem Messer durch einen zügigen Schnitt vom Fleisch getrennt (*Hochleithner, 2012*).

Nach dem Filetieren werden die frisch geschnittenen und eventuell gehäuteten Filets mit Trinkwasser gewaschen und abgetropft. Anschließend erfolgt die Verpackung der Filets, mit oder ohne Vakuum und die Kühlung oder Frostung. Die Ware kann frisch vermarktet, eingefroren oder geräuchert werden. Einzelne Interessenten sind eventuell noch an der Knorpelmasse (Rückgrat) interessiert, die zu hochwertiger Gelatine verkocht werden kann.

Es sind immer wieder Bestrebungen zu beobachten, die Haut von Fischen und damit auch von Stören zu Leder zu gerben und zu Mode-Accessoires (Geldbörsen, Schlüsselanhänger, Taschen und Gürtel usw.) zu verarbeiten. Hierzu ist es nötig, möglichst große, unbeschädigte Häute zu gewinnen. Außerdem sind manchmal auch die Rückenschilde als Dekorationselemente auf dem fertigen Leder gewünscht. In diesen Fällen sollten die Fische noch vor dem Filetieren gehäutet werden. Je nach Möglichkeiten die Häute zu verarbeiten, wünschen die Gerbereien bzw. Verarbeitungsbetriebe diese frisch, eingesalzen oder eingefroren.

Literatur: Gödecken, 1969; Hochleithner, 2012;

11. KAVIARVERARBEITUNG

Da Kaviar ein hochsensibles Produkt ist in Bezug auf Umwelteinflüsse, die vor allem über die Luft (Geruch, Geschmack, Staub, Sporen und Keime) transportiert werden, erfordert seine Zubereitung höchste Sorgfalt. Kaviar wird in einem separaten Raum, getrennt von der übrigen Fischverarbeitung, bearbeitet. Eine Durchreiche (Zureichklappe) ermöglicht die Annahme der mit Folie abgedeckten und gekennzeichneten Schüsseln mit Ovarien, ohne dass eine Tür geöffnet werden muss und ohne dass ein Mitarbeiter aus dem Schlachtraum den Kaviarraum betritt.

Desinfektion mit Sprühschaum (links) und Durchreiche für Schüsseln (rechts).

Die Luft im Kaviarraum wird auf etwa 15 °C gekühlt/erwärmt und die Umluft permanent mit UV sterilisiert. Dabei wird der umgewälzten Raumluft ständig Frischluft (gefiltert und mit UV desinfiziert) beigemischt. Ein leichter Überdruck im Raum – erzeugt durch Zufuhr von Außenluft über die Klimaanlage – verhindert ein schwallartiges Eindringen von Keimen, wenn eine der Türen oder die Zureichklappe geöffnet werden. Die Menge der pro Zeiteinheit zuzuführender Frischluft ist in Deutschland behördlich geregelt und richtet sich nach der Zahl der im jeweiligen Bereich arbeitenden Personen.

Nur autorisierte Personen mit vorgeschriebener Arbeitskleidung haben über eine Hygieneschleuse Zutritt zum Kaviarraum. Sämtliche Arbeitsflächen und -geräte werden nach einmaliger Benutzung gereinigt und desinfiziert. Wände, Boden und Decke des Raumes werden ebenso wie alle Tische, Regale, Behälter und Maschinen nach Arbeitsende und vor Arbeitsbeginn dem Hygieneplan entsprechend gereinigt (Hochdruckreiniger) und desinfiziert (Pumpdrucksprüher). Es ist selbstverständlich, dass auch die Hände und Arbeitskleidung (Stiefel, Schürzen usw.), gereinigt und desinfiziert werden müssen. Eine Desinfektionsmatte sowie eine Stiefelwaschanlage im Eingangsbereich und äußerste Personalhygiene (Handwaschbecken) sind Garanten für haltbaren Kaviar.

Die Keimzahl des fertigen Kaviars, die maßgeblich die Haltbarkeit beeinflusst, muss in jedem Fall auf dem geringsten technisch machbaren Level sein, und die Kühlkette ist in jedem Fall peinlichst genau einzuhalten, um diesen Level so lange wie möglich zu halten. Äußerste Reinlichkeit, peinlichste Genauigkeit bei der Einhaltung der Hygienevorschriften und permanent kühl gelagerte Produkte sind unabdingbare Voraussetzungen für eine auf Dauer erfolgreiche Kaviarvermarktung.

Da zur Herstellung von echtem Kaviar in der Regel nur Störeier und Kochsalz (manchmal auch Borax) Verwendung finden, ist seine Haltbarkeit beschränkt. Naturgemäß die geringste Haltbarkeit weist Kaviar auf, der ausschließlich unter Verwendung von Salz hergestellt wurde. Guter Kaviar weist Salzgehalte von 3-5 % auf. Kaviar mit derartigen Salzgehalten wird als „Malossol“ bezeichnet. Außerhalb Russlands wird Kaviar fast immer als Malossol angeboten, seltener als Presskaviar mit Salzgehalten bis 10 %. Dieser wird aber meist nur von hygienisch bedenklichen Partien oder schlechtem Ausgangsmaterial hergestellt. Kaviar mit weniger als 3 % Salz ist als Rohkaviar anzusehen. Er ist sehr schwierig handhabbar, kaum (max. 2 Wochen) lagerfähig und wird daher fast ausschließlich auf Bestellung frisch produziert.

Ovulierter Kaviar hat einen entscheidenden Vorteil vor konventionell durch Schlachtung gewonnenem. Bei der Ovulation trennen sich die Follikular-Schichten/Zellen, anders als bei der Schlachtung, von den Eioberflächen, so dass Mikroorganismen deutlich geringere Angriffsflächen finden, wodurch die Haltbarkeit von Kaviar aus ovulierten Eiern verbessert wird. Zur Behandlung von Kaviar aus ovulierten Eiern gibt es verschiedene Verfahren. Allen Verfahren ist eigen, die Mikrophylen in der äußeren Membran der Eier zu schließen, oder die Membran selbst soweit zu verfestigen oder zu härten, dass eine gefahrlose Salzung möglich wird. Geschieht eine solche Behandlung nicht, zerfallen die ovulierten Eier nach der Zugabe von Salz zu einem grauschwarzen Brei, der nichts mit Kaviar zu tun hat.

Eine mögliche Behandlung ovulierter Eier vor dem Salzen besteht darin die Eier kurzzeitig zu erhitzen (60-65 °C) und danach mit kaltem Wasser (Eis) abzuschrecken. In Russland und der Gemeinschaft Unabhängiger Staaten (GUS) existieren verschieden Patente, in denen unterschiedliche Methoden zur Wärmebehandlung von ovulierten Eiern beschrieben werden. Vor allem Temperatur (60-100 °C), Dauer der Temperaturerhöhung (Sekunden bis Minuten), Prozedur des Abschreckens (mit oder ohne Sieb) und Wasser (Süß- oder Salzwasser) werden variiert. Die Kunst bei jeder Methode besteht dabei, den Zeitpunkt zu erwischen, an welchem die Eier den gewünschten Härtegrad aufweisen und bei der Wärmebehandlung das Innere der Eier nicht, wie bei hart gekochten Eiern, denaturiert. Die Eier eines jeden Fisches reagieren anders, so dass eine gehörige Portion Erfahrung benötigt wird, die mögliche oder wahrscheinliche Reaktion auf die jeweilige Behandlung abzuschätzen, um ein gleichbleibend gutes Produkt hervorzubringen. Vorangehende Versuche mit einer geringen Menge an Eiern können dabei etwas helfen, die optimale Zeit besser einschätzen zu können.

Die Behandlung ovulierter Eier kann andererseits auch erfolgen, indem den Mikrophylen vorgegaukelt wird, eine Befruchtung habe stattgefunden, wodurch sich die Mikrophylen schließen. Die Zugabe von Wasserstoffperoxid (H_2O_2) in geringer Konzentration veranlasst das sofortige Schließen der Mikrophyle(n). Bei erfolgreicher Befruchtung wird vom Ei selbst H_2O_2 freigesetzt, um eine Mehrfachbefruchtung zu verhindern. Eine Spülung mit Calcium kann helfen den Härtegrad (Knackigkeit) der Eier zu beeinflussen. Die äußere Membran kann aber auch durch Zugabe von Tannin (Gerbsäure) oder anderer Chemikalien gehärtet oder gegerbt werden. Je nachdem wie lange die entsprechende Chemikalie auf die Eier einwirkt, desto härter oder knackiger werden sie.

11.1. Separieren

Die Schüsseln mit den mit Folie abgedeckten Ovarien werden ausschließlich über die Durchreiche (Zureichklappe) abgegeben und angenommen. Sind bei Annahme einer neuen Partie noch Ovarien von der vorhergehenden Übergabe vorhanden, werden diese zunächst fertig verarbeitet. Die neu gebrachten werden in Thermobehältern so lange auf Eis gelagert, bis sie verarbeitet werden können. Es werden immer die Ovarien verarbeitet, die schon am längsten im Thermobehälter lagern.

Um die Eier von Bindegewebe und Fett zu separieren, muss das Ovarialgewebe durch oder über passende Siebe gerieben werden. Am besten lassen sich Fett- und Bindegewebe mit Hilfe eines 6-8 mm Siebes (Sterlet und Sternhausen 4-6 mm) von den Eiern trennen.

Separieren der Eier über ein Kunststoffsieb (Iran). (Foto: M. Hochleithner)

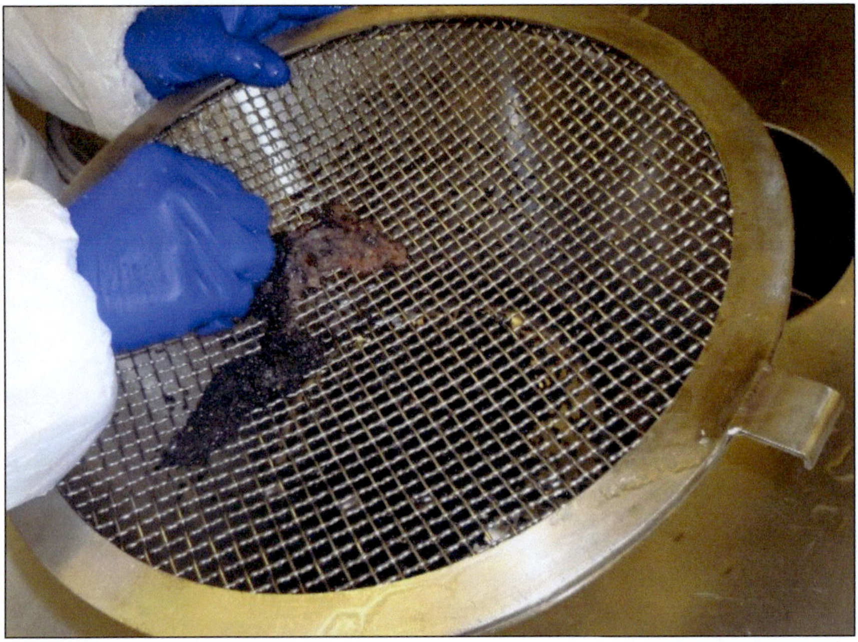

Separieren der Eier über ein Edelstahlsieb (Deutschland). (Foto: P. Steinbach)

Die Drähte bzw. Fäden des Siebes müssen einen ausreichenden Durchmesser aufweisen, um die Eier nicht zu zerschneiden. Aus hygienischen Gründen ist ein mit Edelstahl-Drahtgewebe bespanntes Sieb am besten zu bewerten. Gewebereste lassen sich leicht entfernen, in die Drähte des Gewebes können keine Keime eindringen, das Sieb kann mit heißem Wasser gereinigt werden und eine Desinfizierung ist leicht und schnell möglich. In den Staaten der ehemaligen Sowjetunion und im Iran werden aber nach wie vor Siebe aus Kunststofffasern (früher auch aus Baumwolle) verwendet.

Die Ovarien werden einzeln im Ganzen oder in handliche Stücke geteilt, vorsichtig durch die Maschen gerieben. Das Ovarialgewebe ebenso wie ein großer Teil des Fettgewebes bleiben dabei auf dem Sieb und können in den Abfall entsorgt werden. Die aus den Ovarien geriebenen Eier fallen durch das Sieb und werden in einer sauberen und desinfizierten (Edelstahl) Schüssel aufgefangen, die unterhalb des Siebes platziert ist. Eine seitliche Halterung der Siebe verhindert das Verrutschen beim Durchreiben. Sind die Ovarien sehr fett, erfordert der Vorgang des Durchreibens sehr viel Zeit, Geduld und Aufmerksamkeit, damit keine brauchbaren Eier verloren gehen. Für die Ovarien jedes Fisches werden selbstverständlich neue saubere und desinfizierte Siebe und Schüsseln verwendet. Sind die Eier separiert, müssen sie gespült werden, um sie von Geweberesten, weiterem Fett und etwaigem Blut zu befreien.

11.2. Spülen

Die in der Schüssel gesammelten Eier sind noch mit kleinen Stückchen von Ovarial- und Fettgewebe, eventuell auch mit Blutgerinnseln vermischt. Bevor aus den Eiern Kaviar gemacht werden kann, müssen diese so sauber wie möglich sein. Hierzu werden sie am besten mit sterilem Eiswasser gespült, bis das Spülwasser frei von Fettgewebe, Blutklümpchen, Eischalen und weißen Eiern ist. Beim Abgießen des Spülwassers muss vorsichtig gearbeitet werden, um ein versehentliches Ausgießen der zu spülenden Eier zu vermeiden.

Ist ein Eiswasserbereiter vorhanden, sollte darauf geachtet werden, dass dieser immer Eis enthält, um gleichmäßig niedrige Temperaturen im Waschwasser sicherzustellen. Ist kein Eiswasserbereiter vorhanden, wird mit sehr kühlem Trinkwasser (Durchlaufkühler) gearbeitet.

Noch mit Gewebe verbundene Eier, die Klumpen/Brocken bilden sowie Blut- und sonstige Gewebereste werden soweit als möglich mit einer sterilen Pinzette ausgelesen. In jedem Fall muss schnell gearbeitet werden, damit die Eier möglichst wenig Wasser aufnehmen.

Waschen der durchgeriebenen Eier. (Foto: P. Steinbach)

Spülen und Auslesen von Geweberesten. (Fotos: P. Steinbach)

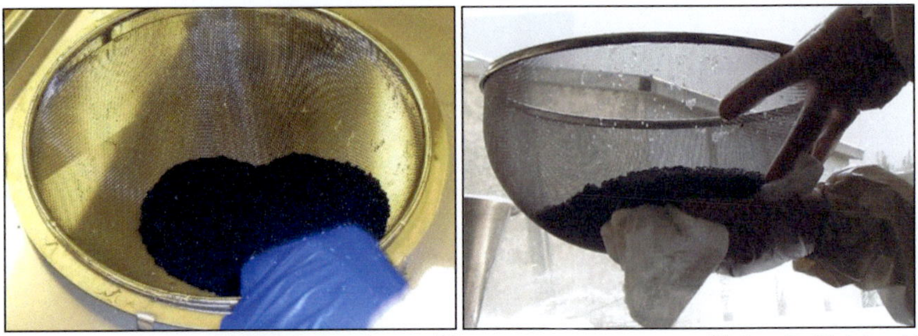

Absieben und Abtropfen der gewaschenen Eier. (Fotos: P. Steinbach)

11.3. Absieben

Sind die Eier ausreichend gespült, müssen sie schnell vom Waschwasser getrennt werden. Hierzu werden sie in Rund- oder Flachsiebe ausgeleert. Die Maschenweite dieser Siebe beträgt mindestens 1 mm und maximal 2 mm. Werden Eier vom Sterlet oder Sternhausen verarbeitet, wird die kleinere Maschenweiten gewählt, bei Eier vom Hausen kann die Maschenweite auch noch etwas größer gewählt werden.

Die Eier bleiben so lange im Sieb, bis kein Wasser mehr austropft, wenn man das Sieb ruckartig nach unten bewegt. Wenden und Bewegen der Eier durch Schwenken des Siebes verkürzt die Abtropfzeit. Je nach Qualität und Entwicklungsstand der Eier beträgt die Abtropfzeit 5-15 Minuten. Zum Abtropfen werden die Siebe mit den Eiern in mit Aussparungen für die Siebe versehene Regale gehängt.

Um sicher zu gehen, dass die Eier trocken genug sind, um gesalzen werden zu können, werden die Siebflächen von unten mit Küchenkrepp oder Handtüchern durch Abtupfen getrocknet. Nehmen die Tücher so gut wie keine Feuchtigkeit mehr von den Eiern auf, sind diese fertig zum Salzen.

11.4. Konservieren

Um aus den Eiern Kaviar zu machen, werden sie gesalzen. Kochsalz (NaCl) als Konservierungsmittel hat den Zweck, die Haltbarkeit der Eier zu verlängern, außerdem intensiviert es den Geschmack des fertigen Produktes (Kaviar). Möglich sind Salzgehalte von über 10 % im fertigen Kaviar. Gängige Ware enthält weniger als 5 % Salz, sie wird als Malossol (mild gesalzen) bezeichnet. Kaviar mit einem Salzgehalt unter 3 % gilt als Rohware mit äußerst beschränkter Haltbarkeit. In der Regel werden Salzgehalte von 3,5-4,5 % im Endprodukt angestrebt.

Die abgetropften Eier werden in einer sauberen, desinfizierten Schüssel gewogen. Bei gewünschtem z. B. 3,9 % Salzgehalt wird die gewogene Eiermenge in Gramm (Tara beachten) durch 96,1 (100 abzüglich 3,9) dividiert und das Ergebnis mit 3,9 (% Salz im Kaviar) multipliziert. Das Ergebnis entspricht der benötigten Salzmenge in Gramm. Beispielsweise: 1.500 g Eier : 96,1 = 15,61 x 3,9 = 60,88 g. Um 1.500 Gramm Eier auf 3,9 % Salzgehalt zu salzen sind also 60,88 Gramm Salz nötig. Die Rechnung: 1.500 g Eier mal 3,9 % Salz gleich 58,5 Gramm Salz ist falsch, denn diese Salzmenge entspricht nur 3,74 % Salz im Endprodukt.

Außer Kochsalz ist zur Konservierung noch die Zugabe von Borax (Natriumsalz der Borsäure) oder genauer Borsäure (H_3BO_3) gängig. Nach dem Lebensmittelgesetz dürfen höchstens 4 Gramm Borsäure in einem Kilogramm fertigem Kaviar enthalten sein. Der Einsatz von Borax ist jedoch nicht in allen Ländern erlaubt, wie z. B. in Japan. In den Vereinigten Staaten von Amerika (USA) gibt es die kuriose Vorschrift, dass dortige Erzeuger kein Borax einsetzen dürfen, aus dem Ausland importierter Kaviar mit Borax aber verkauft werden darf.

Borsäure wird in Form von Borax (Natriumtetraborat-Decahydrat) mit den Eiern vermischt. Bei der Dosierung ist zu beachten, dass Borax nur etwa 65 % Borsäure enthält. Fertiger Kaviar darf je Kilogramm maximal 4 g (= 0,4 %) Borsäure enthalten. Um diesen Grenzwert nicht zu überschreiten, werden nur 0,35 % zugegeben. Ein Kilogramm fertiger Kaviar enthält dann 3,5 g Borsäure, was 5,38 g Borax entspricht. In unserem Rechenbeispiel mit 1.500 Gramm Eiern dürfen also maximal 8,07 Gramm Borax zugegeben werden (1,5 kg Eier x 5,38 g Borax = 8,07 g Borax).

Die errechneten Salz- und falls nötig Borax-Mengen werden in separaten, sauberen und trockenen Gefäßen (z. B. Glas, Keramik, Edelstahl oder Kunststoff) abgewogen (Feinwaage). Die Verwendung von feinem Salz erleichtert das weitere Arbeiten. Je besser oder feiner das Salz vermahlen ist, desto leichter und damit schneller löst es sich bei der Mischung mit den Eiern.

Bezüglich der verwendeten Salzherkunft herrschen viele Meinungen darüber, ob und in welchem Umfang das verwendete Salz Einfluss auf das fertige Produkt (Kaviar) hat. Zum Einsatz kommen üblicherweise Salze aus verschiedenen Siedereien, speziellen Herkünften, koscheres Salz, sowie Stein- und Meersalz. Welches Salz welcher Herkunft bevorzugt wird, hängt eher vom Geschmackempfinden des Kaviarherstellers und dessen Marketing ab.

Welches Salz auch immer eingesetzt wird, es ist, wie Borax, in verschlossenen Behältern aufzubewahren, die nur zur Entnahme der benötigten Mengen kurz geöffnet werden sollten, da sie sonst Feuchtigkeit aus der Umgebungsluft aufnehmen. Feuchtes Salz (und Borax) klumpt und die weitere Arbeit wird erschwert. Außerdem ändert sich durch Wasseraufnahme die Salzkonzentration, da dieses nicht mehr zu nahe 100 % aus Natriumchlorid (nebst einigen Inhaltsstoffen zur Verbesserung der Rieselfähigkeit und/oder in ihm enthaltenen Mineralien) besteht. Aus Gründen der Genauigkeit ist es daher angebracht, Salz vor dem Einsatz im Backofen für 2 Stunden bei 200 °C zu "trocknen". Der normale Feuchtigkeitsgehalt von Salz, außer Meersalz, liegt bei etwa 4,2 %.

Es kann sich auch empfehlen größere Mengen Salz und Borax vor der Zugabe zum Kaviar im richtigen Verhältnis zu vermischen, so dass die Zugabe nicht zweimal (einmal Salz und einmal Borax) abgewogen werden muss, und der damit unter Umständen verbunden Messfehler vermieden wird. Hilfreich kann es auch sein, sich eine (laminierte) Salz/Borax Tabelle zu machen, aus welcher die jeweils zu verabreichend Salz/Borax Menge nach Abwiegen der abgetropften Eier abgelesen werden kann, ohne dass getippt (Taschenrechner) und gerechnet werden muss, um die passende Salz/Borax Menge zu ermitteln. Ein gegen Spritzwasser geschützter PC (desinfizierbare Abdeckung, welche die Bedienung nicht behindert) kann diese Aufgabe ebenfalls übernehmen.

In der ehemaligen Union der Sozialistischen Sowjetrepubliken (UdSSR), kurz Sowjetunion, wurde fertiger Kaviar häufig pasteurisiert, um hygienische Mängel bei der Herstellung, dem Transport und der Lagerung auszugleichen oder einfach um die Haltbarkeit zu verlängern. Die Lagerung von pasteurisiertem Kaviar ist unter Kühlhausbedingungen bis zu zwei Jahre möglich. Der Geschmack des pasteurisierten Kaviars wird durch den Vorgang der Pasteurisierung (Stärke und Dauer der Erhitzung) unterschiedlich stark beeinflusst, so dass diese Ware meist billiger am Markt zu haben ist als nicht pasteurisierter Kaviar.

11.5. Vermischen

Die errechneten und abgewogenen Salz- und wenn nötig Borax-Mengen werden auf die Oberfläche der in der Edelstahlschüssel befindlichen Eier geschüttet. In der Schüssel werden dann Eier, Salz und Borax vorsichtig mit einem weichen Kunststofflöffel oder Silikonschaber verrührt und vermischt. Es können natürlich auch andere Geräte benutzt werden, mit denen sich die Eier möglichst schonend unterheben, rühren oder mischen lassen. Diese dürfen aber keine scharfen Kanten/Grate aufweisen, mit denen die Eier verletzt werden könnten. Erst nach dem Salzen gelten die Eier als Kaviar.

Salz und Borax werden zum Vermischen längere Zeit (1-2 Minuten) immer wieder unter die Eier gerührt/gehoben. Borax benötigt länger als Salz um gelöst zu werden, daher bei Zugabe von Borax die Eier nach dem ersten Vermischen kurz stehen lassen, um die vollständige Lösung von Borax abzuwarten.

Durch Salz wird den Eiern Flüssigkeit, die zum nicht geringen Teil während des Waschens von den Eiern aufgenommen wurde, entzogen, welche immer wieder unter die Eier gerührt/gehoben werden muss. Zu starkes Rühren zerstört die Eier, zu wenig vermischt das Salz nicht genügend mit den Eiern, so dass einige Teile übersalzen werden und andere zu wenig Salz aufweisen. Derartig schlecht gemischter Kaviar ist weniger haltbar und schmeckt sehr „wechselhaft“, da der Geschmack beim Verzehr von stark salzig bis roh wechseln kann. Die Haltbarkeit der gering oder gar nicht gesalzenen Partien ist schlecht, mit anderen Worten das Produkt ist minderwertig. Die Eier sind genügend gemischt, sobald aus der den Eiern entzogenen Flüssigkeit ein stabiler Schaum entsteht, der an der Oberfläche stehen bleibt, wenn man den Löffel/Schaber kurz auf die Eier drückt und sofort ruckartig wieder anhebt.

Je nach Entwicklung, Reifegrad und Qualität der Eier entstehen unterschiedliche Mengen Flüssigkeit beim Mischen mit Salz. Ziehen die Kunden trockenen, körnigen Kaviar vor, lässt man die Flüssigkeit im Abtropfregal abtropfen. Zur Beschleunigung der Trocknung oder wenn besonders körniger, trockner Kaviar gewünscht wird, kann ein Ventilator, dessen Luftzug die Oberflächen der Abtropfsiebe bestreicht, helfen. Es ist auch möglich, die Eier nach nur 2-3 Minuten Abtropfen, direkt in eine 1-2 cm dicke Schicht auf Zellstoff zu legen und sie dort für weitere 3-5 Minuten zu belassen und dort mit Luft aus einem Ventilator zu bestreichen, bevor sie verpackt werden.

Tiefschwarze Eier vom Sibirischen Stör sind nach eigener Erfahrung fast immer feucht, auch nach dem Abtropfen. Wünschen die Kunden so genannten „mouth melting“ d. h. „im Munde schmelzenden“ Kaviar, kann die Ware sofort nach dem Salzen ohne Abtropfen verpackt werden. Während der Lagerung kann Kaviar im Verlauf der Entwicklung durchaus Feuchtigkeit binden, so dass er nicht “strohtrocken“ in die Dosen gefüllt werden muss. Im Iran wurden bzw. werden die frisch gesalzenen Eier (aus Wildfängen), nach nur kurzem Abtropfen aber ohne jegliches Abtrocknen, direkt in große Stülpdeckeldosen gefüllt.

Alles Abtropfen, egal welcher Methode und welcher Dauer, vermindert den Salzgehalt im fertigen Produkt, so dass der Kaviar auf seinen Salzgehalt geprüft werden sollte, bevor er in den Verkauf kommt. Nur so verhindert man Reklamationen wegen zu geringer Haltbarkeit durch zu geringen Salzgehalt. Durch das Salzen können sich auch Fehlgeschmäcker entwickeln oder verstärken, die vorher in den rohen Eiern nicht zu spüren waren. Bevor der Kaviar verpackt wird, muss daher Fall jede einzelne Partie auf mögliche Fehler geprüft werden. Nicht einwandfreie Ware wird gekennzeichnet und darf auf keinen Fall mit Kaviar der Ersten Qualität vermischt werden. Derartige Ware sollte, um Verwechslungen und versehentliches Ausliefern zu vermeiden, separat gelagert und deutlich gekennzeichnet werden. Häufig wird solche Ware pasteurisiert um frühzeitigen Verderb zu verhindern.

Salzen der Eier. (Foto: M. Hochleithner)

Vermischen der Eier (links) und Abtropfen des Kaviars (rechts). (Fotos: P. Steinbach)

11.6. Verpacken

Am besten ist es, in eine Dose stets nur den Kaviar von einem Fisch zu verpacken. Da die aus einem Fisch zu gewinnende Kaviarmenge selten in eine der Normdosen passt, wird Kaviar verschiedener Fische mit vergleichbarer Qualität bezüglich Größe, Farbe und Geschmack auch gemischt.

Wird Kaviar in größeren Mengen hergestellt, erfolgt die erste Verpackung traditionell in Stülpdeckeldosen (1,0-1,8 kg). Diese Dosen wurden früher ausschließlich aus Weißblech hergestellt. Seit einigen Jahren sind „Dosen“ aus Kunststoff im Vormarsch. Von Metalldosen wird behauptet, sie gäben Geschmack an die Ware ab, die dann, zumindest am Rand, nach Metall schmecken kann. Außerdem rosten derartige Dosen leicht, sobald die das Metall schützende Beschichtung beschädigt wurde.

Nach dem Füllen mit Kaviar werden diese Dosen, wie der Name sagt, mit einem Stülpdeckel verschlossen. Direkt danach werden die Dosen mit runden Gewichten (aus Stahl oder Stein) beschwert, so dass Luft und überschüssige Flüssigkeit zwischen Deckel und Dosenrand entweichen können. Nach etwa 2-3 Stunden werden die Gewichte dann entfernt, und die Dosen werden in den Kühlraum gebracht.

Am nächsten Tag lässt sich durch Klopfen (Metallstift) rundherum an der Dose eventuell eingeschlossene Luft feststellen. Ist eine Blase vorhanden, ändert sich das Geräusch. Die Luftblase wird durch einen dünnen Spatel, der an der überlappenden Seite des Deckels eingeführt wird, durch leichtes Drücken auf den Deckel entfernt. Ist hoffentlich alle Luft entwichen, kann durch erneutes Klopfen mit dem Metallstift festgestellt werden, ob keine Luft zurück geblieben ist. Luft fördert die Oxidation und damit das Ranzigwerden von Fett und damit den Verderb. Jede Tagesproduktion wird separat gelagert und über Nacht eventuell noch mit Gewichten beschwert.

Am darauf folgenden Morgen werden die Dosen gereinigt und mit Gummibändern versehen. Dafür wird, zumindest im Iran und in Russland, ein spezielles Spanngerät eingesetzt, welches das Aufspannen des starken Gummibandes wesentlich erleichtert.

Anschließend werden die Dosen in der ersten Woche täglich umgedreht, damit sich vorhandene Flüssigkeit gleichmäßig im Kaviar verteilen kann. Nach der ersten Woche wird nur noch einmal wöchentlich gedreht. Auch Vakuumdosen und Gläser werden umgedreht (Deckel unten, Boden oben), damit sich die Feuchtigkeit gleichmäßig verteilen kann.

Einfüllen von Kaviar in große Stülpdeckeldosen. (Foto: M. Hochleithner)

Beschweren einer Stülpdeckeldose mittels Stahlgewicht. (Foto: P. Steinbach)

Verschließen einer Stülpdeckeldose mit einem Gummiband. (Foto: M. Hochleithner)

Verschlossene Vakuumdosen verschiedener Größe. (Foto: P. Steinbach)

Vakuumdosen, welche aus beschichtetem Weißblech oder Aluminium hergestellt werden, ermöglichen die sicherste Lagerung des Kaviars und über die längste Zeit, zumindest solange das Vakuum in Ordnung ist. Wird Kaviar direkt nach dem Salzen in (200-1.000 g) Vakuumdosen abgefüllt, ist eine gute und sichere Lagerung zu erwarten. Wird Kaviar zunächst in traditionellen Großdosen gelagert und erst später zum Verkauf in kleinere (10-125 g) Vakuumdosen umgepackt, besteht natürlich beim Umpacken die Gefahr einer Verkeimung. Daher ist jedes Umpacken nur unter höchsten Hygienestandards zu verantworten. „Mouth melting" Ware kann sofort in Vakuumdosen gepackt und gelagert werden. Ein erneutes Umpacken ist dabei nicht nötig.

Wärmebehandelte oder pasteurisierte Ware wird normalerweise in (30-250 g) Schraubgläsern mit Metalldeckel verpackt, gelagert und gehandelt.

Kaviar kann auch in Schalen unter Schutzgas, sogenannten Blistern bzw. Trays, verpackt und gelagert werden. Diese Verpackung hat, da die Abdeckung der Schale aus durchsichtiger, gasdichter Folie besteht, den Vorteil, dass der Kaviar gut sichtbar ist. Die Schale selbst besteht aus Kunststoff, wie bei üblichen Verpackungen für Frischfisch oder einigen anderen Lebensmitteln. Das Produkt ist vor Außeneinflüssen geschützt und ähnlich gut haltbar wie in Vakuumdosen. Der Nachteil besteht darin, dass die Schalen nicht gedreht werden können um eine optimale Flüssigkeitsverteilung zu sichern ohne den Vorteil der guten Sichtbarkeit aufzugeben, da in einem solchen Fall das Sichtfenster sofort verschmiert. Lagert Kaviar längere Zeit, ohne gedreht zu werden, trocknen die oberen Schichten und die unteren werden feuchter, als für guten Kaviar angebracht ist. Aus diesem Grund hat sich die Verpackung in Kunststoffschalen unter Schutzgas nicht richtig durchsetzen können.

Sowohl die in Stülpdeckel- oder Vakuumdosen als auch die in Gläser oder sonstige Behälter gefüllte Kaviarmenge wird erfasst und dokumentiert, so dass klar ersichtlich ist, wie viel Kaviar an welchem Tag in welche Dosen aus welcher Menge Fisch erzeugt wurde. Die Dosen werden mit Aufklebern versehen, auf denen Produktionstag und Fischspezies vermerkt sind. Es hat sich bewährt, von jedem Produktionstag Rückstellproben zu erstellen und aufzuheben, um im Fall von Reklamationen oder Rückfragen von Kunden oder Behörden gerüstet zu sein. Eine genaue Dokumentation aller Verfahrensschritte ist unabdingbar, da nur so eine Rückverfolgbarkeit etwaiger Probleme, Fehler und Lagerzeiten gegeben ist.

11.7. Lagern

Es gibt eine Reihe von Konsumenten, die meinen, Kaviar schmeckt nur möglichst frisch. Andere wiederum sagen, Kaviar benötige mindestens einen Monat Lagerung, um die nötige Reife und damit den optimalen Geschmack zu erlangen. Ich mag am liebsten reifen Kaviar (min. 2 Monate alt) und, wenn es geht, vom Sterlet. Aber am besten ist: selbst probieren und dann entscheiden.

Um einen „runden" Geschmack zu erreichen müssen die Eier einige Zeit, min. 2-4 Wochen, gelagert werden, damit sich Salz und Eier harmonisch verbinden können. Ist die Lagerung zu kurz, schmeckt der Kaviar salzig. Ungeduldige Leute umgehen die lästige Lagerung, indem der Salzgehalt gesenkt wird, um den Kaviar sofort vermarkten zu können. Derartiger Kaviar ist weniger lange haltbar und entwickelt den Geschmack von gelagertem, vollmundigem, reifem Kaviar nur bedingt oder gar nicht, bevor die Mikroorganismen Überhand nehmen und der Kaviar verdirbt.

Kaviar reift bzw. entwickelt sich im Laufe der Lagerung, indem die Eier einen Teil der beim Salzen abgegebenen Flüssigkeit mit dem darin befindlichen Salz ins Innere aufnehmen, so dass der zunächst vorherrschende Salzgeschmack zurückgeht und sich der volle Kaviargeschmack entwickelt. Um ein Separieren von Kaviar und salzhaltiger Flüssigkeit zu verhindern, werden lagernde Dosen wöchentlich umgedreht. Die Lagerung erfolgt bei -2 bis +2 Grad Celsius (°C). Die Kühlkette darf auf keinen Fall unterbrochen werden. Unter Beachtung der Hygiene hergestellter Kaviar ist mehrere Monate ohne Qualitätsverlust haltbar.

Die Haltbarkeit des nicht pasteurisierten Malossols beträgt bei Lagerung von -2 °C bis +2 °C etwa 3 Monate. Kaviar kann auch erfolgreich gefroren werden, um die Haltbarkeit (bis zu 6 Monate) zu verlängern, sofern man beim Einfrieren und Auftauen darauf achtet, dass sich keine großen Eiskristalle bilden können, welche die empfindlichen Eimembranen verletzen, so dass der aufgetaute Kaviar nur noch eine matschige, graue Masse bildet. Länger haltbar ist Ware, die zusätzlich zum Salz mit Borax versetzt wurde. Derartiger, mit Borax versehener Kaviar kann etwa 6-9 Monate lagern. Pasteurisierter Kaviar ist sogar bis zu 2 Jahre haltbar.

Über die Lagerbestände ist genauestens Buch zu führen. Alle Zu- und Abgänge werden mit Datum, Menge, Anzahl der Dosen und Namen der handelnden Person(en) erfasst. Ebenso werden Verpackungsform (z. B. Stülpdeckel-, Vakuumdose oder Gläser), Gebindegröße und jegliches Umpacken (z. B. Großdose umgefüllt in Kleindosen, Stülpdeckeldose umgefüllt in Vakuumdosen usw.) dokumentiert.

Stülpdeckeldose vor Verschließen (links) und nach Lagerung (rechts). (Fotos: P. Steinbach)

Lagerung von Stülpdeckeldosen mit Kaviar. (Foto: P. Steinbach)

11.8. Etikettieren

Kaviar wird üblicherweise zunächst in Großdosen gelagert und erst, wenn Bestellungen eingegangen sind, in passende Behälter und Partien umgefüllt. Jeder Kaviarbehälter (Dose, Glas o. ä.) der in den Verkehr bzw. Verkauf gebracht wird, muss ein Etikett oder eine Banderole mit bestimmten Angaben bzw. Informationen haben, das so auf dem Behälter angebracht ist, dass dieses nicht entfernt werden kann ohne zerstört zu werden (versiegelt).

Diese Etikettierung muss unabhängig davon erfolgen, ob der Kaviar importiert, exportiert, reexportiert oder im Ursprungsland gehandelt wird. Alle unten stehenden Angaben müssen zwingend auf dem Etikett zu finden sein.

Für Ware, die im Herkunftsland verpackt wird, muss das Etikett folgende Angaben enthalten:

- Artencode (bestehend aus drei Großbuchstaben);
- Herkunftscode (W für Wildfang und C für Aquakultur);
- Herkunftsland (ISO Code von zwei Großbuchstaben);
- Jahr der Herstellung (vierstellige Zahl);
- Registrierungscode der Produktionsanlage;
- Lieferungs-Identifikationsnummer (CITES), im Zusammenhang mit dem Buchführungssystem der Produktionsfirma.

Der CITES-Artencode (siehe Anhang) besteht bei den wirtschaftlich gängigen Störarten aus den ersten drei Buchstaben des wissenschaftlichen (lateinischen) Artnamens und wird in Großbuchstaben dargestellt, z. B. für den Sibirischen Stör (*Acipenser baerii*): BAE. Für Hybriden besteht der Artencode aus dem Code für die männliche Art, gefolgt von einem kleinen x, und dem Code für die weibliche Art (z. B. für Bester: RUTxHUS). Der Code MIX wird nur für Kaviar verwendet, der aus verschiedenen Störarten hergestellt wurde und gilt ausschließlich für Presskaviar.

Wird Kaviar nach dem Erwerb von einem Händler oder Importeur in dessen eigene Behälter umgepackt, muss auf jedem dieser Behälter ein neues Etikett angebracht werden, auch z. B. für eine 10 g Dose (was unter Umständen die Lesbarkeit des nötigen Textes erschwert).

Für Ware, die umgepackt wird, muss das neue Etikett unbedingt folgende Angaben enthalten:

- Artencode (bestehend aus drei Großbuchstaben);
- Herkunftscode (W für Wildfang und C für Aquakultur);
- Herkunftsland (ISO Code von zwei Großbuchstaben);
- Jahr der Umverpackung (vierstellige Zahl);
- Registrierungscode der Umverpackungsanlage;
- Lieferungs-Identifikationsnummer (CITES), oder Nummer der Ausfuhrgenehmigung oder Wiederausfuhrbescheinigung.

Alle oben angeführten, behördlich geforderten Angaben müssen auf dem Etikett zu finden sein. Außerdem ist eine tagesaktuelle Lagerbuchführung Vorschrift, in welcher alle Ein- und Ausgange aufgeführt werden, wobei Kunden, die Kaviar im Wert von mehr als 250,- € erwerben, mit Namen und vollständiger Anschrift erfasst werden müssen.

11.9. Verzehren

Kaviar ist ein Naturprodukt und kann daher in Farbe, Größe und Festigkeit der Eier sowie Salzgehalt variieren. Guter Kaviar ist nicht tiefschwarz, sondern weist verschiedene Töne von anthrazit, grau, braun, grün, orange und fast weiß auf, wobei diese Töne ineinander übergehen und die Farben sich im Verlauf der Lagerung ändern können. Kaviar entwickelt sich, wie Wein, im Verlauf seiner Lagerung. Frischer Kaviar ist eiähnlicher und wird mit zunehmendem Alter intensiver, voller und runder im Geschmack. Es gibt, wie für Wein, auch für alle Entwicklungsstufen von Kaviar spezielle Liebhaber. Die eigene Präferenz findet man, wiederum, wie bei Wein, nur durch Probieren.

Manche Konsumenten ziehen ein festes oder knackiges Produkt vor, andere wünschen einen „im Munde schmelzenden" Kaviar, wieder andere wollen absolut gleichmäßig große oder einheitlich gefärbte Eier, usw. Kaviar ist nur unzureichend mit der Bezeichnung nussig, sahnig, cremig, fein, würzig, mild oder kräftig zu beschreiben. Der beste Weg ist Probieren, möglichst nur mit Toast und Butter oder ohne alles. Blinis (Buchweizenpfannkuchen) und gebackene Kartoffeln mit Sauercreme sind auch gute Alternativen. Schlechten Kaviar, der sauer, fischig oder matschig ist oder unangenehm riechenden, sollte man zurückweisen.

Werden Zwiebeln zum Kaviar gereicht, dienen diese häufig dazu etwaigen Fehlgeschmack zu kaschieren. Gekochtes und gehacktes Eiweiß (von Hühnereiern) ist allerdings gut geeignet den Genuss zu verlängern, vor allem wenn die Kaviarmenge begrenzt ist. „Kaviar satt" erhält man eher selten, aber eine 100-125 g Dose für zwei Personen ist eine großzügige und hervorragende Vorspeise, für welchen Anlass auch immer.

Kaviar sollte generell nicht mit Besteck aus Metall (wie Silber) hantiert werden, da es oxidiert und so den Geschmack des Kaviars negativ beeinflussen kann (außer Gold). Da nicht jeder gleich ein Goldbesteck zu Hause hat, könnte im Prinzip auch ein Plastikbesteck verwendet werden; stilvoller und gebräuchlicher ist jedoch spezielles Kaviarbesteck (meist kleine Löffel), das aus Perlmutt (von den Innenschalen verschiedener Weichtiere) oder Bambus hergestellt wird.

Kaviar auf Eis serviert mit Baguette und Butter. (Foto: M. Hochleithner)

Als Getränk zum Kaviar wird immer wieder Champagner empfohlen. Er sollte allerdings nicht zu süß oder fruchtig sein, um den Kaviargeschmack nicht zu überlagern. Weitere gut geeignete Getränke sind ein trockener Weißwein, aber auch ein kleines, kühles Bier oder sogar Wodka, welcher vor allem in Russland dazu getrunken wird. Mag man keinen Alkohol, kann es angebracht sein, es mal mit Kaffee zu probieren. Meine verstorbene Frau, die sehr gern Kaviar aß, pflegte zu sagen, er hebe den Geschmack des Kaviars.

Literatur:
Gessner et al., 2002; Gödecken, 1969;

12. ANHANG

Die Anforderungen an Verarbeitungsräume (wie Schlachtraum und Kaviarraum) werden üblicherweise von der örtlichen Bau- und Veterinärbehörde festgelegt. Jeder Verarbeitung vorgeschaltet ist selbstverständlich eine Hygieneschleuse. Es kann von Vorteil sein, die Kaviarverarbeitung in zwei Bereiche/Räume (nass und trocken) zu teilen, so dass die Salzung in einem separaten trockenen Raum stattfindet, damit das Salz vor Feuchtigkeitsaufnahme durch das in diesem Raum stattfindende Waschen und Abtropfen so weit als möglich geschützt ist.

Fertiger Kaviar und Fleisch werden in einem separaten Kühlraum auf Regalen gelagert, so dass der ständige, unangemeldete Zugang für Zoll und sonstige Überwachungsorgane gewährleistet ist. In keinem Fall sollte man bei der Planung einer Kaviarproduktion vergessen genügen Räume vorzusehen für das Personal (Umkleide, Toiletten, Ruheräume) sowie die Lagerung von Verpackungs- (Dosen, Etiketten, Kartonagen) und Verbrauchsmaterialien (Einwegkleidung, Konservierungs-, Putz- und Desinfektionsmittel) usw.

Der Personalbedarf zur Gewinnung von täglich 30-70 kg Kaviar aus 30-45 auf Eiqualität geprüften und in Eiswasser angelieferten Fischen beträgt etwa: Für alle Arbeiten im Schlachtraum 1-2 Personen und für alle Arbeiten im Kaviarraum 2-3 Personen.

Im Fall von ovulierten Eiern kommt noch die Behandlung der Eier vor dem Salzen hinzu oder im Fall von Wärmebehandlung, das Pasteurisieren nach dem Verpacken in Gläser, beides mit den jeweils nötigen Gerätschaften. Soll Kaviar aus ovulierten Eiern gewonnen werden, richtet sich der Personalbedarf nach dem eingesetzten Verfahren, wobei Material und Personal zur Separierung, Vorbereitung und Eigewinnung nicht vergessen werden sollten (3-4 Personen).

Die Pflege des gesamten Kaviars (Drehen, Reinigen) kann leicht von einer Person erledigt werden. Die zum Umverpacken von Großdosen in kleinere Einheiten nötige Personenzahl ist logischerweise sehr stark davon abhängig welche Gebindegrößen (z. B. 10, 30, 50, 100, 125 g) bedient werden müssen. Ebenfalls sollte der zum Versand/Verkauf von Kaviar nötige Zeitaufwand für “Papierkram“ nicht unterschätzt werden.

Im Folgenden findet sich eine kurze Zusammenfassung vom Verfahrensablauf für den Schlachtraum und den Kaviarraum.

12.1. Schlachtraum

Beispiel für den Verfahrensablauf der Störverarbeitung im Schlachtraum:

Störverarbeitung

Eiqualität prüfen (Biopsienadel)[1)]
↓
Fische herunterkühlen (>15 Min.)
↓
Fische übernehmen und betäuben[2)]
↓
Fische aufhängen und töten (Kiemenschnitt)
↓
Fische ausbluten (>10 Min.)
↓
Fisch wiegen und hinlegen (Schlachtrinne/-tisch)
↓
Bauch reinigen (Kunststoffbürste)
↓
Bauch öffnen (Hakenmesser)
↓
Ovarien entnehmen (Schüssel)
↓
Ovarien wiegen und dokumentieren
↓
Ovarien in abgedeckter Schüssel weitergeben (an Kaviarraum) → →
↓
Eingeweide entnehmen
↓ → → Schwimmblase und Leber gewinnen
Köpfen, Filetieren, Enthäuten ↓
↓ → → Hypophysen und Häute gewinnen
Fleisch verarbeiten* ↓
↓ Schlachtabfälle entsorgen → → →
Fleisch wiegen, verpacken und etikettieren
↓
Fertige Ware zwischenlagern oder versenden/verkaufen

Anmerkungen:
[1)] noch in Hälteranlage;
[2)] schon in Schlachtraum;
*Filets werden manchmal weiter veredelt (gebeizt oder geräuchert).

12.2. Kaviarraum

Beispiel für den Verfahrensablauf der Kaviarverarbeitung im Kaviarraum:

Kaviarverarbeitung
Ovarien[1] in abgedeckter Schüssel übernehmen (von Schlachtraum) ↓ Eier von Fett- und Ovarialgewebe trennen ↓ ↓ → → Gewebeabfälle entsorgen → Eier waschen und von Geweberesten befreien ↓ Eier absieben und abtropfen (>5 Min.) ↓ Abgetropfte Eier wiegen → Ovulierte Eier behandeln ↓ ↓ ↓ Salzmenge[2] berechnen, abwiegen, hinzufügen ← ↓ Salz[2] und Eier vermischen (>1 Min.) ↓ Kaviar abtropfen (>3 Min.) ↓ Kaviar eindosen*, wiegen und dokumentieren ↓ Stülpdeckeldosen beschweren (>2 h) → Vakuumdosen direkt lagern ↓ ↓ Dosen lagern (±0 °C) ↓ ↓ Dosen reinigen und verschließen (Gummiband) ↓ ↓ Dosen drehen (in erster Woche täglich, danach wöchentlich) ← ↓ Dosen umpacken (Kleindosen)* ↓ ↓ Dosen etikettieren ← ↓ Fertige Ware zwischenlagern oder versenden/verkaufen

Anmerkungen:

1) oder ovulierte Eier aus Streifraum;

2) und Borax falls erforderlich;

*Kaviar wird manchmal weiter behandelt (in Gläser gefüllt und pasteurisiert).

12.3. Artencodes

Im Folgenden die Standard-Identifikationscodes für Störe und Löffelstöre:

Name	Code*
Acipenser baerii (Sibirischer Stör)	BAE
Acipenser baerii baicalensis (Baikal-Stör)[1)]	BAI
Acipenser brevirostrum (Kurznasenstör)	BVI
Acipenser dabryanus (Jangtse-Stör)	DAB
Acipenser fulvescens (Seestör)	FUL
Acipenser gueldenstaedtii (Russischer Stör od. Waxdick)	GUE
Acipenser medirostris (Grüner Stör)	MED
Acipenser mikadoi (Sachalin-Stör)	MIK
Acipenser naccarii (Adriastör)	NAC
Acipenser nudiventris (Glattdick od. Schip)	NUD
Acipenser oxyrinchus (Atlantischer Stör)	OXY
Acipenser oxyrinchus desotoi (Golfstör)[1)]	DES
Acipenser persicus (Persischer Stör)	PER
Acipenser ruthenus (Sterlet od. Stierl)	RUT
Acipenser schrenckii (Amurstör)	SCH
Acipenser sinensis (Chinesischer Stör)	SIN
Acipenser stellatus (Sternhausen od. Scherg)	STE
Acipenser sturio (Europäischer od. Gemeiner Stör)	STU
Acipenser transmontanus (Weißer Stör)	TRA
Huso dauricus (Sibirischer Hausen od. Kaluga)	DAU
Huso huso (Europäischer Hausen od. Beluga)	HUS
Pseudoscaphirhynchus fedtschenkoi (Syrdarja Schaufelstör)	FED
*Pseudoscaphirhynchus hermanni (*Kleiner Amudarja Schaufelstör)	HER
Pseudoscaphirhynchus kaufmanni (Großer Amudarja Schaufelstör)	KAU
*Scaphirhynchus albus (*Blasser od. Weißer Schaufelstör)	ALB
Scaphirhynchus platorynchus (Gemeiner Schaufelstör)	PLA
Scaphirhynchus suttkusi (Alabama Schaufelstör)	SUS
Polyodon spathula (Löffelstör)[2)]	SPA
Psephurus gladius (Schwertstör)[2)]	GLA
Verschiedene Arten (nur für Presskaviar)	MIX
Hybriden: Code für männliche Art x Code für weibliche Art	YYYxXXX

Anmerkungen:
[1)]Unterart;
[2)]Familie Polyodontidae;
*Quelle: Anhang 2 der CITES Resolution Conf. 12.7 (Rev. CoP17).

13. LITERATURANGABEN

Amlacher, E., 1992: Taschenbuch der Fischkrankheiten. G. Fischer Verlag, Jena. 6. Auflage. 474 Seiten.

Arlati, C., Bronzi, P., 1995: Sturgeon farming in Italy. In: Gershanovich, A.D., Smith, T.I.J. (Eds.). Proceedings, Second International Symposium on Sturgeons, 1993. VNIRO Publ., Moscow. pp. 321-332.

Bohl, M., 1999: Zucht und Produktion von Süßwasserfischen. Verlags Union Agrar, Frankfurt. 336 Seiten.

Bruch, R.M., Dick, T.A., Choudhury, A., 2001: A Field Guide for the Identification of Stages of Gonad Development in Lake Sturgeon (*Acipenser fulvescens* Rafinesque). Sturgeon for Tomorrow, Fond du Lac. 40 pp.

Chebanov, M.S., Galich, E.V., 2009: Ultrasound Diagnostics for sturgeon broodstock management. Federal Center of Selection and Genetics for Aquaculture, Krasnodar. 116 pp.

Chebanov, M.S., Galich, E.V., 2013: Sturgeon Hatchery Manual. FAO, Fisheries and Aquaculture Technical Paper 558. 303 pp.

Chebanov, M., Rosenthal, H., Gessner, J., Van Anrooy, R., Doukakis, P., Pourkazemi, M., Williot, P., 2011: Sturgeon hatchery practices and management for release – Guidelines. FAO Fisheries and Aquaculture Technical Paper 570. 110 pp.

Conte, S.F., Doroshov, I.S., Lutes, P.B., Strange, E.M., 1988: Hatchery Manual for the White Sturgeon. University of California, Publication 332. 104 pp.

Dettlaff, T.A., Ginsburg, A.S., Schmalhausen, O.I., 1993: Sturgeon Fishes – Developmental Biology and Aquaculture. Springer Verlag, Berlin. 300 pp.

Gessner, J., Wirth, M., Kirschbaum, F., Patriche, N., 2002: Processing techniques for caviar and their effects on product compositon. Internationale Revue der gesamten Hydrobiologie und Hydrographie, 87 (5-6): 645-650.

Gödecken, H., 1969: Der königliche Kaviar. H. Siepmann Verlag, Hamburg. 112 Seiten.

Gille, D.A., Van Eenennaam, J.P., Famula, T.R., Schreier, A.D., Beer, K., Struffenegger, P., Renschler, B., Bishop, S., Dorslov, S.I., 2017: Finishing diet, genetics, and other culture conditions affect ovarian adiposity and caviar yield in cultured white sturgeon (*Acipenser transmontanus*) Aquaculture, 474: 121-129.

Hochleithner, M., 2012: Störe (Acipenseriformes) – Biologie und Aquakultur. AquaTech Publications, Kitzbühel. 3. Auflage. 248 Seiten.

Hochleithner, M., 2019: Die Fischproduktion in Netzgehegeanlagen – Konstruktion und Management. AquaTech Publications, Kitzbühel. 292 Seiten.

Kirschbaum, F., 2010: Störe: Eine Einführung in Biologie - Systematik - Krankheiten - Wiedereinbürgerung - Wirtschaftliche Bedeutung. Aqualog Animalbook. 168 Seiten.

Klinkhardt, M., 2006: Kaviar – ein Luxusartikel und seine Alternativen. Fachpresse Verlag, Hamburg. 44 Seiten.

Kraus, G., Harrer, D., Wedekind, H., 2013: Praktische und rechtliche Aspekte beim Fischtransport. Bayerische Landesanstalt für Fischerei. LfL Information. 34 Seiten.

Meinelt, T., Schreiner, G., Feneis, B., Matzke, S., Rau, A., Wedekind, H., 2011: Hygienisierung von Fischhaltungseinrichtungen mittels Peressigsäure (PES). Fischer & Teichwirt, 1: 14-17.

Mims, S., Andrews, D.L., Shelton, L.W., Gomelsky, B., Chapman, F., 2002: Species Profile Production of Sturgeon. SRAC Publ. No. 7200.

Reichenbach-Klinke, H.H., 1976: Fisch und Umwelt – Die Einwirkung von Umweltfaktoren auf die Gesundheit des Fisches. G. Fischer Verlag, Stuttgart. 194 Seiten.

Reichle, G., 1997: Der Stör – Ein gefährdeter Urweltfisch, im Meer, im Strom und als Nutzfisch in der Teichwirtschaft. Verlag Lassleben, Kallmünz. 80 Seiten.

Rosenthal, H., Hoffmann, R., Jörgensen, L., Krüner, G., Peters, G., Schlotfeldt, H.J., Schomann, H., 1982: Water Management in Circular Tanks of a Comercial Intensive Culture Unit and its Effects on Water Quality and Fish Condition. International Council for the Exploration of the Sea. F: 22.

Ruban, G.I., 2005: The Siberian Sturgeon *Acipenser baerii* Brand, Species Structure and Ecology. WSCS, Special Publ. No. 1. 203 pp.

Schäperclaus, W., 1990: Fischkrankheiten. Akademie-Verlag, Berlin. 5. Auflage. Teil 1 + 2. 1123 Seiten.

Schäperclaus, W., Lukowicz, v. M. (Eds.), 2018: Lehrbuch der Teichwirtschaft. Verlag Eugen Ulmer, Stuttgart. 5. Auflage, 676 Seiten.

Schreckenbach, K., 2002: Einfluss von Umwelt und Ernährung bei der Aufzucht und beim Besatz von Fischen. Bericht, Institut für Binnenfischerei Potsdam-Sacrow.

Sibeni, F., Calderini, F., 2014: FishStatJ, a tool for fishery statistics analysis. (Software) Release: 2.1.0. FAO, Roma.

Steffens, W., 1981: Industriemäßige Fischproduktion. Deutscher Landwirtschaftsverlag, Berlin. 376 Seiten.

Steffens, W., 1985: Grundlagen der Fischernährung. G. Fischer Verlag, Jena. 1. Auflage. 225 Seiten.

Steinbach, P., 2005: Egg development of Siberian sturgeon (*A. baeri*) in a warm water recirculation system. Abstracts of the 5th International Symposium on Sturgeon - Ramsar, Iran. AQ51. pp. 131-133.

Steinbach, P., 2018: Die Fischproduktion in Kreislaufanlagen – Erfahrungen und Empfehlungen. AquaTech Publications, Kitzbühel. 408 Seiten.

Vollmann-Schipper, F., 1975: Transport lebender Fische. P. Parey Verlag, Hamburg. 102 Seiten.

Wedekind, H., Harrer, H., Geiser, M., Kraus, G., 2020: Praktische und rechtliche Aspekte beim Transport lebender Fische. Bayerische Landesanstalt für Landwirtschaft. LfL Information. 3. Auflage, 43 Seiten.

Williot, P., Gulyas, T., Ceapa, C., 2002: An analog of GnRH is effective for induction of ovulation and spermiation in farmed Siberian sturgeon *Acipenser baeri* Brandt. Aquaculture Research, 33: 735-737.

Williot, P., Nonnotte, G., Chebanov, M., 2018: The Siberian Sturgeon (*Acipenser baerii*, Brandt 1869). Volume 2 – Farming. Springer International Publishing. 590 pp.

Fachbücher: aktuell – kompakt – umfassend

ISBN: 978-3-902855-17-6

ISBN: 978-3-902855-18-3

ISBN: 978-3-902855-06-0

ISBN: 978-3-902855-28-2

ISBN: 978-3-902855-20-6

ISBN: 978-3-902855-27-5

ISBN: 978-3-902855-19-0

FACHBÜCHER
und vieles mehr!

AquaTech
Publications

www.aqua-tech.eu

ISBN: 978-3-902855-31-2

Die Fischproduktion in Kreislaufanlagen - Erfahrungen und Empfehlungen

Peter Steinbach. 408 Seiten. ISBN: 978-3-902855-29-9

Die Fischproduktion in Kreislaufanlagen stellt einen interessanten Beitrag für die Weiterentwicklung der Aquakultur dar. Dieses Buch beschäftigt sich vor allem mit der Theorie und Praxis von Kreislaufanlagen, für die kommerzielle Haltung und Produktion von verschiedenen Süßwasser- und Meeresfischen. Präsentiert werden auch die Erfahrungen und Empfehlungen des Autors, der sich seit mehr als 40 Jahren mit diesem modernen Bereich der Aquakultur beschäftigt. Die ausführlich behandelten Kapitel reichen unter anderem von Wasserchemismus, Fischanatomie und Fischkrankheiten über Fischfütterung, Nährstoffverdauung und Fischhaltungsbecken bis Anlagenauslastung, Wasseraufbereitung und Gebäudetechnik. Diese Publikation richtet sich vor allem an Einsteiger und Betreiber von Kreislaufanlagen, aber auch an traditionelle Teichwirte und innovative Aquarianer, und an alle die sich generell für die Produktion von Speisefischen interessieren.

Die Fischproduktion in Netzgehegeanlagen-Konstruktion und Management

Martin Hochleithner. 292 Seiten. ISBN: 978-3-902855-30-5

Die Fischproduktion in Netzgehegeanlagen stellt einen wesentlichen Beitrag für die Weiterentwicklung der Aquakultur dar. Dieses Buch beschäftigt sich vor allem mit dem Bau und Betrieb von Netzgehegen, für die kommerzielle Haltung und Produktion von verschiedenen Süßwasser- und Meeresfischen. Präsentiert werden auch die Erfahrungen und Empfehlungen des Autors, der sich seit mehr als 30 Jahren mit diesem wichtigen Bereich der Aquakultur beschäftigt. Die ausführlich behandelten Kapitel reichen unter anderem von Aquakulturorganismen über Gehegekonstruktion und Gehegeposition bis Gehegemanagement. Einleitung und Literatur vervollständigen dieses Werk. Diese Publikation richtet sich vor allem an Einsteiger und Betreiber von Netzgehegeanlagen, aber auch an traditionelle Fischzüchter und innovative Teichwirte, sowie Gewässerbewirtschafter und an alle die sich generell für die Produktion von Fischen interessieren.

Überall im Buchhandel und bei: ***AquaTech*** *Publications*, www.aqua-tech.eu

Technologie

& ZUBEHÖR

bewährten Komplettprogramm für:

AUSFANG	TRANSPORT	VERARBEITUNG	SONSTIGES	ETC.

Netze Reusen Aggregate	Behälter Förderer Sortierer	Räucheröfen Fischmesser Kaviardosen	Stege Boote Antriebe	Futter Fische u.v.m.

informativen Katalog.
- Unser Erfolg und Ihr Gewinn!
Service Mo-Fr. 08.00-18.00 Uhr.

Tech

A-6370 Kitzbühel
Email: aquatech@a1.net
www.aquaculture-com.net